AF342965

ÉTUDE PRÉLIMINAIRE

DES

Coquilles Fossiles

DES FALUNS

DES ENVIRONS D'ORTHEZ & DE SALIES-DE-BÉARN

(BASSES-PYRÉNÉES)

PAR

A. DEGRANGE-TOUZIN

BORDEAUX

J. DURAND, IMPRIMEUR DE LA SOCIÉTÉ LINNÉENNE

20, RUE CONDILLAC, 20

1895

ÉTUDE PRÉLIMINAIRE

DES

 Coquilles Fossiles

DES FALUNS

DES ENVIRONS D'ORTHEZ & DE SALIES-DE-BÉARN

(BASSES-PYRÉNÉES)

PAR

A. DEGRANGE-TOUZIN

BORDEAUX

J. DURAND, IMPRIMEUR DE LA SOCIÉTÉ LINNÉENNE

20, RUE CONDILLAC, 20

—

1895

Extrait des Actes de la Société Linnéenne de Bordeaux
(Tome XLVII).

ÉTUDE PRÉLIMINAIRE

DES

COQUILLES FOSSILES

DES FALUNS

des environs d'Orthez et de Salies-de-Béarn

(Basses-Pyrénées)

INTRODUCTION.

Nous nous proposons de faire connaître par ce Mémoire les richesses paléontologiques qui ont été rencontrées dans les Faluns des environs d'Orthez et de Salies-de-Béarn. Jusqu'à ce jour, ces terrains ont été peu étudiés; il n'a été publié que des listes très incomplètes des corps organisés fossiles que l'on peut y recueillir. Ces listes, bien que suffisantes pour permettre d'établir un synchronisme exact au point de vue de la stratigraphie générale, ne donnent pas cependant une idée réelle de la richesse de la faune. Il nous a donc paru opportun de compléter les renseignements déjà acquis à la science, en faisant connaître autant que possible toutes les espèces fossiles qui ont été trouvées dans les gisements que nous allons étudier.

Ces gisements se divisent en deux groupes : dont l'un est situé aux environs d'Orthez, dans la commune de Sallespisse et dans le quartier de Souars, qui dépend de la commune d'Orthez; et l'autre, à quelques centaines de mètres seulement de Salies-de-Béarn.

Le premier groupe s'étend des environs de Sallespisse à la métairie du Paren (quartier de Souars) A l'heure actuelle nous connaissons quatre gisements situés à peu près en ligne droite :

celui de Sallespisse, celui du Paren, et, entre ces deux points extrêmes, ceux de la métairie du Houssé et de Carrey.

A Salies-de-Béarn, on ne connaît encore qu'un seul gisement, celui qui est situé dans la propriété du Mirailh, à 50 mètres de la route de Sauveterre.

Avant d'aborder l'étude paléontologique de ces divers gisements, nous croyons utile de passer en revue les travaux, peu nombreux d'ailleurs, dans lesquels ils ont été mentionnés et de donner quelques détails qui seront de nature à faire connaître leurs relations stratigraphiques.

A l'époque où Grateloup publia dans les Actes de la Société (de 1834 à 1840) les résultats de ses recherches paléontologiques dans le bassin de l'Adour, les gisements fossilifères des environs d'Orthez et de Salies-de-Béarn n'avaient pas encore été signalés à l'attention des géologues. Grateloup cite bien, dans son Atlas, deux ou trois espèces provenant des faluns bleus soulevés d'Orthez; et c'est de nos gisements qu'il veut sans doute parler; mais il les connaissait fort peu et, sous les noms de « *faluns bleus, faluns jaunes* », il désigne ordinairement d'autres terrains que ceux dont il est ici question.

En 1848, M. Delbos publie dans le Bulletin de la Société géologique de France (2ᵐᵉ série, t. V, p. 417) une « *Notice sur les fahluns du Sud-Ouest de la France* ». En parlant du terrain miocène supérieur à *Cardita Jouanneti* dont le type, dit-il, est à Salles (Gironde), il ajoute : « Enfin, je l'ai retrouvé à Sallespisse et jusques près d'Orthez, sous la forme d'un sable bleu très coquillier. »

Cette note est le premier document, à notre connaissance, dans lequel il est fait mention des gisements si intéressants des environs d'Orthez.

En 1855, dans son « *Essai d'une description géologique du bassin de l'Adour,* » (1) M. Delbos revient dans les termes suivants sur les faluns de Sallespisse et du Paren, qu'il classe dans le terrain tertiaire supérieur : « Près de Sallespisse, on commence à trouver quelques lits de sables coquilliers avec *Conus Berghausi.*

---

(1) Mémoires de la Société des sciences physiques et naturelles de Bordeaux, t. I, p. 265.

Ce falun est surtout très développé dans la commune de Souars, près de la métairie du Paren. Il consiste en un sable fin, bleuâtre, renfermant une grande quantité de fossiles, notamment *Cardita Jouanneti, Venus umbonaria, Conus Berghausi*, etc. » (1).

En 18?4, M. Tournouër, dans sa Note « *Sur quelques affleurements des marnes nummulitiques de Bos d'Arros dans la vallée du Gave de Pau,* » (2) donne incidemment quelques renseignements sur les faluns du Paren et cite un certain nombre d'espèces (13 seulement) qui y ont été trouvées et dont la présence indique, dit-il, que ces marnes coquillières appartiennent au groupe du Miocène supérieur.

En 1884 (3), notre regretté collègue Balguerie communique à la Société une liste des fossiles qu'il a recueillis, à la suite de plusieurs excursions, dans les faluns de la métairie du Paren, et signale, à cette occasion, un nouvel affleurement de ces faluns, que M. le docteur Marsoo, d'Orthez, a découvert, à près d'un kilomètre plus loin, celui de la métairie du Houssé. Le nombre des espèces citées par M. Balguerie, pour les deux gisements du Paren et du Houssé, s'élève à 122.

Au sujet de cette communication, M. Benoist (4) ajoute quelques observations tendant à prouver que la faune du Paren est évidemment du même âge que celle de Largileyre (commune de Salles, Gironde), et appartient à la partie supérieure de l'Helvétien, le nombre des espèces pliocènes trouvées dans ces gisements étant très restreint.

Ces renseignements bibliographiques sont les seuls que nous avons pu rencontrer sur les faluns des environs d'Orthez. Quant au gisement tertiaire, du même âge, de Salies-de-Béarn, c'est à M. le comte R. de Bouillé qu'on en doit la connaissance. Sous le titre : « *Paléontologie de Biarritz et de quelques autres localités des Basses-Pyrénées* » (5), M. de Bouillé a publié le résultat fort

---

(1) Delbos, *loc. cit.*, p. 324.

(2) Actes de la Soc. lin. de Bordeaux, tome XXV, p. 243.

(3) Actes de la Soc. lin. de Bordeaux, tome XXXVIII, Extr. des Pr. Verb., p. XXXIII.

(4) Actes de la Soc. lin. de Bordeaux, t. XXXVIII, Ext. des Pr. verb., p. XXXVII.

(5) Pau, 1876.

intéressant de ses recherches géologiques et paléontologiques dans les Basses-Pyrénées. Dans ce Mémoire, il consacre un chapitre au gisement miocène de Salies-de-Béarn. Il y a recueilli cent quarante espèces environ dont il donne la liste. Elles ont été déterminées par notre regretté collègue Tournouër; quelques-unes, nouvelles, ont été décrites et figurées par ses soins dans ce travail. L'ensemble de cette faune, d'après M. Tournouër, doit la faire ranger, sans aucune difficulté, dans le Miocène supérieur.

Enfin, assez récemment, M. Gustave Dollfus a publié (1) une étude sur quelques « *Coquilles nouvelles ou mal connues du terrain tertiaire du Sud-Ouest* ». En ce qui concerne le gisement de Salies-de-Béarn, cet auteur donne une liste de dix espèces non encore indiquées à Salies, et décrit, avec figures à l'appui, trois ou quatre espèces nouvelles provenant de cette localité.

Nous ne connaissons pas d'autres Mémoires dans lesquels il ait été fait mention du falun de Salies-de-Béarn. Les documents que nous venons d'analyser sont donc les seuls qu'on puisse consulter sur les terrains qui font l'objet de notre étude, et, déjà, on a pu remarquer que, si le gisement de Sallespisse était connu de M. Delbos, il n'a été publié aucune liste des fossiles qu'on peut recueillir dans ce dépôt. Notre travail, en complétant les renseignements paléontologiques déjà donnés sur les gisements miocènes de Salies-de-Béarn et des environs d'Orthez, comblera donc, en ce qui concerne celui de Sallespisse, une lacune importante.

Malheureusement, il nous est impossible d'ajouter aux observations de nos devanciers des données nouvelles au point de vue stratigraphique et purement géologique. Nos explorations ont été trop courtes et nos fouilles trop peu nombreuses, pour que nous puissions nous permettre des appréciations inédites sur la position relative de tous ces gisements, que nous avons étudiés surtout au point dé vue paléontologique.

D'ailleurs, la nature du sol, très couvert, très accidenté, dont les couches superficielles se montrent seules à l'œil de l'observateur, est loin d'être favorable aux recherches stratigraphiques. Nous sommes donc obligé de nous en tenir aux indications fournies par ceux qui nous ont précédé; et nous nous bornerons

---

(1) Bull. de la Soc. de Borda, Dax, 1889, 3ᵉ trim., p. 219.

à les résumer en quelques mots, car nous n'avons pu constater par nous-même les relations qui existent entre les affleurements que nous avons visités et les couches sur lesquelles ils reposent ou celles qui les recouvrent. Ces relations ne pourront donc être énoncées que d'une manière vague et très générale, sans la précision que pourraient seules leur donner des observations très multipliées et très minutieuses.

A Sallespisse, on peut voir le *substratum* qui sert de base au falun bleu, composé d'argile et de sable, dans lequel existe une quantité innombrable de coquilles souvent brisées, mais aussi parfois admirablement conservées. On peut constater que ce *substratum* est constitué par une marne argileuse jaunâtre, panachée de blanc, ayant l'apparence d'une formation lacustre ; on peut aussi s'assurer que le falun est recouvert par des dépôts superficiels sableux et argileux, relativement récents. Les couches de falun paraissent horizontales, mais aucune coupe ne permet d'affirmer l'exactitude du fait. A Carrey, on peut faire les mêmes constatations.

Au Paren, d'après M. Balguerie (*loco citato*), les faluns paraissent reposer sur une couche horizontale d'un calcaire qui a les apparences d'un calcaire d'eau douce. Avant M. Balguerie, Tournouër avait déjà énoncé (*loc. cit.*, pages 246-247), que les « *faluns bleus* » du Paren avaient probablement pour *substratum* des calcaires blancs marneux, ayant l'apparence de calcaires lacustres, et que ces calcaires blancs marneux reposaient sur des marnes panachées, jaunes et bleues, sans fossiles, qu'il rapportait, avec les calcaires d'apparence lacustre, à la grande formation lacustre du Gers et de l'Armagnac. Au-dessous de cet ensemble, il avait constaté la présence, dans le bas des côteaux, presque au niveau du Gave, de marnes inférieures, très bleues, très fines, appartenant incontestablement à l'étage nummulitique à *Serpula spirulaea*. Tel est le *substratum*, assez bien connu, on le voit, du falun du Paren.

Mais quelle est la nature des dépôts plus récents qui ont succédé à l'époque du falun ? L'affleurement du Paren est surmonté par des argiles et des sables, d'après M. Tournouër. Il n'indique pas l'âge de cette formation subséquente, mais nous pensons qu'elle appartient, comme le recouvrement du falun de Sallespisse, aux dépôts superficiels récents.

Ajoutons que la couche d'argile franchement marine qui contient la riche faune que nous allons faire connaître n'a pas, dans les divers points où elle affleure, une épaisseur supérieure à 60 ou 80 centimètres au maximum.

A Salies-de-Béarn, d'après les observations de M. de Bouillé, les couches de falun se présentent avec une allure toute différente : « Après la terre végétale et un lit de marne très sablonneuse reposant sur des cailloux roulés, la couche fossilifère descend à l'Ouest, avec une inclinaison de 25° qui doit la faire passer à quatre ou cinq mètres sous la route de Salies à Sauveterre. » C'est vraisemblablement au rapprochement très immédiat de la craie qu'est due cette inclinaison des couches miocènes de Salies-de-Béarn. Aucun affleurement des marnes ou calcaires nummulitiques n'ayant été, à notre connaissance, signalé dans le voisinage du falun de Salies-de-Béarn, peut-être est-il permis de supposer qu'il n'existe pas, dans cette région, de couches intermédiaires entre la craie et le falun miocène ?

En résumé, les faluns des environs d'Orthez reposent très probablement : d'abord, sur des couches contemporaines de la formation lacustre de l'Armagnac, puis sur le terrain nummulitique et sur la craie; le falun de Salies-de-Béarn est peut-être directement en contact avec la craie.

Nous ne pouvons rien ajouter, dans l'état actuel de nos connaissances, à ces détails stratigraphiques et nous terminerons ce préambule par quelques explications sur l'ordre et la méthode que nous avons suivis dans l'étude paléontologique qu'on va lire. Nous nous sommes presque exclusivement occupé de la détermination des mollusques fossiles recueillis par nous ou par d'autres dans nos gisements et ce n'est que pour donner une idée aussi complète que possible de la faune, que nous ferons suivre cette énumération d'une liste très courte des autres restes fossiles qu'on peut y signaler. La classification que nous avons adoptée est celle du « Manuel de conchyliologie » de notre savant et regretté collègue M. le docteur Fischer, que la mort vient si malheureusement de ravir à la science.

Parmi les espèces que nous avons rencontrées, il en est un certain nombre dont nous n'avons pu donner que la détermination générique, n'ayant pu ou n'ayant pas su les identifier avec des espèces déjà décrites et figurées. Le nombre en est assez grand : nous aurions voulu les décrire toutes et les faire figurer; mais un semblable travail ne doit pas être entrepris à la légère. La synonymie est déjà chose bien difficile; il nous a semblé prudent de ne pas l'encombrer davantage par la création d'espèces mal justifiées Aussi, pour le plus grand nombre de celles que nous n'avons pu rapporter à des espèces déjà connues, nous sommes-nous borné à donner quelques caractères et une courte description sans nom spécifique, indications qui seront suffisantes pour permettre à ceux qui voudront compléter notre étude d'identifier leurs trouvailles avec les nôtres. Cette réserve s'imposait surtout pour les espèces représentées seulement par des exemplaires uniques, ou peu nombreux, ou mal conservés. Pour les autres, quand elles nous ont paru plus particulièrement intéressantes ou quand elles étaient représentées par un nombre d'exemplaires attestant un certain degré d'abondance, nous les avons décrites et nous les avons fait figurer. Ce n'est qu'avec hésitation que nous publions les résultats de notre examen, certainement très imparfait. Nous serions heureux néanmoins, si notre Mémoire, malgré ses lacunes et les erreurs inhérentes à toute œuvre humaine, pouvait rendre quelques services à ceux qui auront la curiosité de compléter par de nouvelles recherches l'étude que nous avons entreprise.

En terminant, nous ne devons pas oublier que nous avons à payer une dette de reconnaissance. Notre collègue et ami, M. Benoist, nous a aidé de ses lumières et de ses conseils. Il a vérifié une grande partie de nos déterminations, il a dessiné les espèces nouvelles que nous publions. Sa complaisance, aussi éclairée qu'inépuisable, a toujours été à notre service. Qu'il reçoive ici le témoignage de notre amicale et profonde gratitude !

CLASSE DES CÉPHALOPODES

ORDRE DES TETRABRANCHIATA

NAUTILIDAE.

Aturia aturi Basterot sp. (*Nautilus*). Un fragment.
Paren R.R.R. (1)

CLASSE DES PTEROPODES

ORDRE DES THECOSOMATA

CAVOLINIIDAE.

Cleodora nov. sp. (*fide* Benoist (2), *C. Ortheziana* in coll.)
Paren R.R.R.

CLASSE DES GASTROPODES

ORDRE DES PULMONATA

AURICULIDAE.

Cassidula Orthezensis Degrange-Touzin.
Paren R.R.

Cette espèce est très voisine de *C. umbilicata* Deshayes sp.
(*Auricula*); mais elle s'en distingue par un caractère saillant.

---

(1) Nous ne ferons pas mention d'une manière spéciale des trouvailles faites
à la métairie du Houssé, ni à Carrey, par la raison que nous n'y avons pas
fait de fouilles nombreuses. La faune du Houssé et de Carrey est identique à
celle de Sallespisse et du Paren. On trouvera, du reste, la liste des espèces qui
ont été rencontrées à Houssé dans la note citée plus haut de M. Balguerie
(Actes de la Soc. lin. de Bordeaux, t. XXXVIII, Extr. des Proc. verb.
p. XXXIII).

(2) Quand nous avons constaté par nous-même la présence d'une espèce,

Elle ne présente qu'une trace rudimentaire d'ombilic, tandis que la forme décrite par Deshayes est fortement ombiliquée. C'est donc une autre espèce, à laquelle, dans un précédent travail (*Étude sur la faune terrestre, lacustre et fluviatile de l'Oligocène supérieur et du Miocène dans le Sud-Ouest de la France et principalement dans la Gironde. — Actes Soc. lin. Bordeaux, t. XLV, p. 156*), nous avons donné le nom sous lequel elle est ici mentionnée.

Leuconia subbiplicata d'Orbigny sp. (*Auricula*) (*fide* Balguerie).

Paren R.R.

ORDRE DES OPISTHOBRANCHIATA

ACTAEONIDAE.

Actaeon tornatilis Linné sp. (*Voluta*).

Paren C. — Sallespisse C.C. — Salies R.

En général, les exemplaires de cette espèce ont conservé la trace encore fort visible des bandes spirales colorées qu'on observe sur le test des individus vivants de cette forme. Mais sur quelques-uns, assez rares d'ailleurs, provenant du Paren et de Salies, ces bandes, au lieu d'être continues, sont constituées par des séries de points offrant une couleur violette, comme les bandes elles-mêmes des échantillons typiques.

Tournoüer (*Paléontologie de Biarritz*) a confondu cette espèce avec *A. pinguis* d'Orbigny qu'il cite à tort, croyons-nous, à Salies-de-Béarn.

Actaeon Orthezi Benoist.

Paren C.C.C. — Sallespisse C.C.C.

Actaeon neglectus Benoist.

Paren R.R.

---

nous la citons sans faire suivre son nom d'aucune indication. Au contraire, lorsqu'elle a été rencontrée par un autre auteur, nous indiquons entre parenthèses, comme pour cette *Cleodora*, signalée par M. Benoist, le nom de cet auteur.

Actaeon Moulinsii Benoist.

Sallespisse R.R.

Actaeon Dargelasi Basterot sp. (*Tornatella*).

Sallespisse R.R.R. — Salies R.R.R.

Actaeon sp. ?

Salies R.R.R.

Nous n'avons pu identifier cette espèce avec aucune de celles qui sont mentionnées par M. Benoist dans son Étude sur les *Actaeonidae* des terrains tertiaires moyens du Sud-Ouest de la France (Actes Soc. lin. Bordeaux, t. XLII, p. 11 et suiv.). Elle se rapproche assez par sa forme de *A. Dargelasi*, mais ne saurait, à première vue, être confondue avec lui. Elle est plus turriculée et rappelle davantage la forme de spire des *Turbonilla*. Son test est brillant et porte quelques stries spirales très fines, visibles seulement à la loupe. Nous n'avons recueilli qu'un seul exemplaire de cette espèce.

Actaeon (S. g. *Actaeonidea*) *pinguis* d'Orbigny.

Sallespisse R.R.R.

Actaeon (S. g. *Actaeonidea*) *Salinensis* Benoist.

Paren R. — Sallespisse R.R.

Parmi les espèces de la famille des *Actaeonidae* mentionnées ci-dessus, quatre sont nouvelles : *A. Orthezi*, *A. neglectus*, *A. Moulinsii*, *A. Salinensis*. Elles viennent d'être décrites et figurées, sur des exemplaires que nous avons recueillis aux environs d'Orthez ou à Salies-de-Béarn, par notre collègue, M. Benoist (*loco citato*, savoir : *Actaeon Orthezi*, p. 39, pl. III, fig. 3 *a. b.*; *A, neglectus*, p. 47, pl. III, fig. 8 *a. b. c.*; *A. Moulinsii*, p. 49, pl. III, fig. 9 *a. b. c.*; *A. Salinensis*, p. 73, pl. V, fig. 5 *a. b.*).

De ces espèces, *A. neglectus* avait été déjà rencontré par nous à Balizac (Gironde), dans l'Aquitanien; et *A. Orthezi*, à Salles (Largileyre), dans l'Helvétien où il est très rare, tandis qu'il est très commun au Paren et à Sallespisse. Quant aux deux autres espèces, elles sont propres aux gisements du Paren et de Sallespisse. Elles n'ont pas encore été trouvées ailleurs.

TORNATINIDAE.

Tornatina Lajonkaireana Bastérot sp. (*Bullina*).
Paren R.R. — Sallespisse R.R.

Tornatina compacta Benoist.
Salies R.R.R. — Paren R.R. (*fide* Benoist).

Cette dernière espèce est nouvelle. Elle vient d'être décrite et figurée par M. Benoist (*loco citato*, p. 77, pl. V, fig. 7). Nous l'avions déjà recueillie dans tous les gisements de l'Helvétien de de la Gironde.

SCAPHANDRIDAE.

Scaphander sublignarius d'Orbigny.
Salies R.R.R. — Paren R.R. (*fide* Benoist).

Atys subutriculus d'Orbigny sp. (*Bulla*).
Salies R.R.R.

Cylichna tarbelliana Grateloup sp. (*Bulla*).
Paren R.R.

Cylichna pseudo-convoluta d'Orbigny sp. (*Bulla*).
Paren C.C. — Sallespisse C.C. — Salies C.

Tournoüer (*loco citato*) mentionne cette espèce à Salies-de-Béarn, sous le nom de *Bulla convoluta* Brocchi.

Cylichna subangistoma d'Orbigny sp. (*Bulla*).
Salies R.R.R.

Cylichna subconulus d'Orbigny sp. (*Bulla*).
Paren R.R.R.

Cylichna lamellosa Benoist *in coll.*

Espèce nouvelle qui sera décrite prochainement par M. Benoist, et que nous avons retrouvée à Salles (Gironde).
Paren R.R.R. — Sallespisse R.R.R.

Cylichna sp. ?

Cette espèce, représentée par un exemplaire unique, est voisine de *C. subangistoma* et de *C. subconulus*. Elle est de forme moins conique que *C. subconulus* et moins ovale que *C. suban-*

gistoma. Elle est à peu près cylindrique. Son dernier tour est fortement strié par des lamelles d'accroissement.

Sallespisse R.R.R.

RINGICULIDAE.

Sous le nom de *Ringicula buccinea* Br., Tournouër (*loco citato*) comprend plusieurs formes du genre *Ringicula* qui existent à Salies-de-Béarn. Voici les espèces que nous avons cru reconnaître à Salies, au Paren et à Sallespisse.

Ringicula Grateloupi d'Orbigny.

Salies C.C.

Ringicula Douvillei Morlet ?

Paren C.C.C. — Sallespisse C.C.C. — Salies C.C.

Ringicula Mayeri Morlet (*fide* Benoist).

Paren R.R.R.

Ringicula quadriplicata Morlet (*fide* Benoist).

Paren R.R.R.

Ringicula acutior Mayer (*fide* Benoist).

Paren R.R.

ORDRE DES PROSOBRANCHIATA

TEREBRIDAE.

Terebra modesta Defrance.

Paren C. — Sallespisse C. — Salies, R.

Terebra plicaria Basterot.

Paren C. — Sallespisse R.R.R. — Salies R.

Terebra acuminata Borson.

Paren R.R. — Sallespisse R. — Salies R.R.

Terebra pertusa Basterot (*fide* Tournouër).

Salies C.

Terebra Basteroti Nyst.

Paren C.C.C. — Sallespisse C.C. — Salies C.

A Sallespisse et au Paren, on trouve une variété de cette

espèce, à stries transverses très fines et à côtes longitudinales presque effacées. Peut-être devrait-on la considérer comme une espèce distincte?

Terebra subcinerea d'Orbigny.
Paren R. — Salies R.

Terebra cuneana Da Costa.
Paren C.C. — Sallespisse C.C.

CONIDAE.

Conus canaliculatus Brocchi. = *C. Dujardini* Deshayes.
Paren R. — Sallespisse C. — Salies C.C.C.

Conus maculosus Grateloup. = *C. Berghausi* Michelotti.
Paren C.C.C. — Sallespisse C.C. — Salies C.C.

Conus maculosus, var. D. *testa lineolota* Grateloup.
Salies R.

Conus Puschii Michelotti (*fide* Benoist).
Paren R.R.

Conus striatulus Grateloup (non Brocchi).
Paren R.R. — Salies RR.

Conus clavatus Lamarck.
Paren C. — Sallespisse C.

Conus ponderosus Brocchi (*fide* Tournouër).
Salies C.

Conus avellana Lamarck.
Paren R.R. — Sallespisse R.R.

Conus granuliferus Grateloup.
Paren R.R.

Conus pelagicus ? Brocchi *in* Grateloup (non Brocchi).
Paren R.R. — Salies R.R.

Il est douteux que l'espèce figurée par Grateloup sous ce nom (*Atlas Conchyl. Adour*, *Conus* pl. 11, fig 8 et 10) soit bien celle de Brocchi. Néanmoins, quelque défectueuses que soient les figures de Grateloup, nous croyons devoir y rapporter notre espèce, en faisant observer qu'elle ne paraît pas être celle de Brocchi.

Cette espèce, très commune au Peloua (commune de Saucats, Gironde), semble se rapprocher beaucoup de *Chelyconus Suessi* figuré par MM. Hörnes et Auinger dans le « Supplément » de Hörnes (genre *Conus*, pl. I, fig. 15 et pl. VI, fig. 1, 2, 3, 4).

Conus sp.? aff. *C. lineolatus* Cocconi.
Salies R.R.R.

Conus sp.? du groupe de *C. avellana*; 1 exemplaire seulement, roulé et pas très déterminable.
Salies R.R.R.

Genotia ramosa Basterot sp. (*Pleurotoma*).
Paren R.R.R. — Salies R.R.R.

Genotia Craverii Bellardi (*fide* Benoist).
Paren R.R.R.

Genotia (S. g. *Dolichotoma*) *cataphracta* Brocchi (*fide* Benoist).
Paren R.R.

Genotia (*Pseudotoma*) *Bonellii* Bellardi (*fide* Benoist).
Paren R.R.

Genotia (*Pseudotoma*) *intorta* Brocchi (*fide* Benoist).
Paren R.R.

Genotia (S. g. *Oligotoma*) sp.?

Espèce à pli columellaire presque nul et qui serait peut-être mieux placée dans la section des *Zaphra* Adams, du sous-genre *Daphnella* du genre *Mangilia* (*fide* Benoist).
Paren R.R.

Genotia (S. g. *Oligotoma*) *pannus* Basterot sp. (*Pleurotoma*) = *Pleurotoma festiva* Doderlein.
Paren C. — Sallespisse C. — Salies R.

Ici, cette espèce est à spire très aiguë et les plis longitudinaux présentent un renflement noduleux dans la partie médiane des tours qu'ils ne dépassent pas. C'est une variété qui se distingue par ces caractères des exemplaires du Bordelais.

Genotia (S. g. *Oligotoma*) *ornata* Defrance sp. (*Pleurotoma*).
Salies R.R.R. — Paren R.R. (*fide* Benoist).

Clavatula buccinoïdes Tournouër sp. (*Pleurotoma*) (Voir

Paléont. de Biarritz, p. 12, pl. I, fig. 4) — (non *Pusionella buc-cinoïdes* Basterot sp. (*Pleurotoma*).
Salies R.R.

Clavatula inedita Bellardi (*fide* Dollfus).
Salies R.R.

Clavatula turris Lamarck in Grateloup, var. B. *saubrigiana?*
Grateloup.
Paren C. — Sallespisse C. — Salies C.

Les figures de Grateloup étant très imparfaites, nous n'oserions affirmer d'une manière absolue que nos exemplaires se rapportent à l'espèce de Grateloup.

Ceux qui proviennent de Salies-de-Béarn et du Paren paraissent avoir beaucoup d'analogie avec *Clavatula Sophiæ* Hörnes et Auinger (*Suppl.*, pl. XLIII, fig. 8 et 9); et ceux de Sallespisse se rapprochent de *Clavatula Evæ* Hörnes et Auinger (*Suppl.*, pl. XLIV. fig. 3 et 4).

Clavatula calcarata Grateloup sp. (*Pleurotoma*).
Sallespisse R.R. — Paren R.R. — Salies C.C.

Clavatula asperulata Lamarck, variété à dernier tour très renflé, concave dans sa partie médiane, à très fortes épines, à sommet très aigu, à spire très courte.
Salies R.R.

Clavatula asperulata Lamarck, autre variété à spire très allongée, plus grande que la forme type, qui manque ici.
Paren R. — Sallespisse R. — Salies R.

Clavatula gothica Mayer sp. (*Pleurotoma*).
Paren C.C. — Sallespisse C.C. — Salies R.

Clavatula gothica Mayer.

Variété de grande taille, à spire très ouverte, portant deux rangs de fortes épines sur la carène du dernier tour.
Salies R.R.

Nous ferons observer que, dans les gisements que nous étudions, les deux dernières espèces que nous venons de citer (*Cl. asperulata* et *Cl. gothica*) sont représentées par de nombreux individus, dont les caractères ne sont pas toujours très nettement arrêtés, de sorte qu'il est parfois difficile de procéder à leur détermi-

2

nation. Ces formes, très voisines, semblent passer de l'une à l'autre. Il serait presque impossible parfois de les séparer, si on n'observait pas attentivement les caractères fournis par les premiers tours de la coquille.

Clavatula granulato-cincta Munster sp. (*Pleurotoma*).
Paren R. — Sallespisse R.R. — Salies C.

Peut-être avons-nous réuni sous ce nom deux espèces en une seule? En effet, dans les individus de Salies, le bourrelet qui existe sur la partie postérieure des tours est presque lisse, tandis qu'il est très épineux dans les exemplaires du Paren. Ces derniers sont aussi bien plus fortement granuleux que ceux de Salies.

Clavatula Stazzanensis Bellardi?
Salies R.R.R.

Clavatula Jouanneti Desmoulins sp. (*Pleurotoma*).
Paren C.C.C. — Sallespisse C.C. — Salies C.C.C.

Clavatula Jouanneti Desmoulins, variété, Fischer et Tournouër (*Moll. foss. du mont Léberon*, pl. XVII, fig. 6 et 7).
Salies C.C.

Clavatula Jouanneti Desmoulins, variété à tours moins scalariformes et à bourrelet postérieur moins saillant que dans la forme type. Sur le dernier tour, dans la partie moyenne, on voit deux plis ou cordons un peu noduleux.
Paren R. — Sallespisse R.R.

Clavatula vulgatissima Grateloup (*fide* Benoist).
Paren R.R.

Clavatula semimarginata? Lamk.
Sallespisse R.R.R.

Clavatula excavata Bellardi.
Sallespisse R.R. — Paren R.R. (*fide* Benoist).

Clavatula Seguini Mayer?
Sallespisse R.R.R.

Surcula intermedia Bronn (*fide* Benoist).
Paren R.R.

Surcula dimidiata Brocchi (*fide* Benoist).
Paren R.R.

Surcula sp.? Très jeunes individus d'une espèce que nous
n'avons pu déterminer.
Sallespisse R.R.R. — Salies R.R.R.

Pleurotoma turricula Brocchi (*fide* Benoist).
Paren R.R.

Pleurotoma Giebeli Bellardi.
Salies R.R.R.

Pleurotoma caperata Bellardi (*fide* G. Dollfus).
Salies R.R.

Pleurotoma canaliuta Bellardi *in litt.*.
Paren C.C. — Sallespisse C.

Cette espèce, très commune au Paren et à Sallespisse, ne l'est
pas moins dans les faluns de la Gironde (à Léognan, au Coquillat;
et à Saucats, au Peloua et au moulin de Lagus). Les exemplaires
de la Gironde, communiqués à M. Bellardi, le savant paléon-
tologiste d'Italie, par notre collègue et ami M. Benoist, lui
furent retournés avec le vocable ci-dessus par M. Bellardi, qui
avait reconnu une espèce nouvelle et qui se proposait de la
décrire sous ce nom. Malheureusement cette description n'a
jamais été faite. L'espèce se rapproche beaucoup de *Pl. Giebeli*
par l'ornementation des tours. Elle s'en distingue : 1° par la
forme de sa spire, plus ouverte, moins allongée; 2° par sa queue
plus longue; 3° par l'ornementation de la partie médiane des
tours qui présente un sillon ou canal compris entre deux plis ou
cordons plus élevés et noduleux; 4° enfin, par la suture profondément canaliculée qui sépare les tours. Elle se rapproche davantage, comme nous l'a fait remarquer M. le docteur Boettger, de
Francfort, à qui nous l'avons communiquée et qui considère l'espèce comme nouvelle, de *Pl. bellatula* Bellardi. Elle s'en distingue:
1° par sa suture profondément canaliculée; 2° par le nombre
moindre (1-2) des plis ou cordons qui entourent, en avant et en
arrière, la partie médiane et surélevée des tours.

Drillia obeliscus Desmoulins sp. (*Pleurotoma*).
Salies R.R. — Sallespisse R.R.R.

Drillia pustulata Brocchi sp. (*Murex*).
Paren R.R.R. — Salies C.C.

Drillia Athenaïs ? Mayer in Bellardi.

Nous ne mentionnons cette espèce qu'avec un point de doute, bien qu'elle soit absolument conforme à la description donnée par M. Bellardi (*I Molluschi dei terreni terziarii del Piemonte et della Liguria*, Part. II, p. 116), parce que l'exemplaire unique que nous possédons ne paraît pas être adulte, et qu'il est incomplet.

Salies R.R.R.

Drillia granaria Dujardin sp. (*Pleurotoma*).

Salies R.

Drillia sp. ? Un exemplaire d'une espèce distincte des précédentes mais non adulte et, par suite, à peu près indéterminable.

Salies R.R.R.

Mangilia (*Clathurella*) *Milleti* Desmoulins sp. (*Pleurotoma*) = *Pl. strombillus* Dujardin.

Paren R. — Sallespisse R.R.R. — Salies R.R.

Mangilia (*Clathurella*) *clathrata* M. de Serres sp. (*Pleurotoma*).

Sallespisse R.R.R. — Salies R.R.R.

Cette forme est la même que celle décrite par Philippi sous le nom de *Clathurella granum*; cependant elle constitue, dans l'opinion de M. le Dr Boettger, de Francfort, à qui nous l'avons communiquée, une variété distincte, plus petite, à spire moins haute.

Mangilia (*Clathurella*) *clathrata* M. de Serres.

Variété de la forme précédente, à ouverture moins allongée et moins étroite, à tours plus régulièrement cancellés et plus épineux à l'entrecroisement des côtes, à taille un peu moindre.

Salies R.R.

Mangilia (*Clathurella*) sp. ?

Espèce du groupe de *Clathurella clathrata* et à peu près de la même taille, mais plus trapue, à ouverture moins étroite, à côtes longitudinales plus fortes que les côtes transverses.

Salies R.R.R.

Mangilia clathrataeformis, nobis (Pl. IX, fig. 8-8^a).

CARACTÈRES : *Testa crassa, subfusiformis ; spira brevis, obtusa ; anfractus (5-6) parum convexi, postice depressi, ultimus antice*

*parum depressus, dimidiam longitudinem subaequans; suturæ
parum profundæ; costæ longitudinales 10 valde prominentes,
rectæ, angustæ, interstitia non æquantes, axi testæ fere
parallelæ, contra suturam posticam productæ, contra basim
caudæ terminatæ; costulæ transversæ (4-5 in penultimo, 8 in
ultimo anfractu) valde acutæ, uniformes, super costas longitudinales et earum interstitia decurrentes; os elongatum, angustum;
labrum postice tuberculatum, antice laeve; columella postice
tuberculata, antice laevis; cauda distincta; canalis brevis,
recurvus.*

Long. 6 mill. — Lat. 3 mill.

Coquille à test épais, subfusiforme; spire courte, obtuse; tours
au nombre de 5-6, peu convexes, déprimés en arrière, le dernier
peu déprimé en avant, égalant à peu près la moitié de la largeur
totale de la coquille; sutures distinctes, mais peu profondes;
côtes longitudinales au nombre de 10, très saillantes, droites,
beaucoup plus étroites que les intervalles qui les séparent,
presque parallèles à l'axe de la coquille, prolongées jusqu'à la
suture postérieure, se terminant en avant contre la base de la
queue de la coquille; côtes transverses beaucoup plus étroites
que les côtes longitudinales, remplissant les intervalles qui
séparent ces dernières, au nombre de 4-5 sur l'avant dernier tour
et de 8 sur le dernier (1), toutes aiguës, uniformes, passant par
dessus les côtes longitudinales qu'elles découpent en nodosités
aux points d'intersection; ouverture allongée, étroite; labre
portant un tubercule en arrière, lisse en avant; queue bien
distincte; canal court, assez recourbé.

Salies R.R.R.

Cette espèce, qui appartient encore par ses affinités au groupe
de *Cl. clathrata* M. de Serres, et dont l'exemplaire décrit provient
de Salies-de-Béarn, se retrouve dans le Bordelais, à Mérignac, à
la base du Langhien, où elle est d'ailleurs excessivement rare,
comme à Salies-de-Béarn. Nous n'en possédons que 2 individus
de chaque localité.

----

(1) Le nombre des côtes transverses de l'avant-dernier tour n'est pas absolu
ment exact sur notre figure (Pl. IX, fig. 8-8 *a*). Le dessin n'en reproduit que
tandis que, en réalité, la coquille en porte 4 ou 5.

Mangilia Salinensis Nobis (Pl. IX, fig. 7-7 *a*).

Caractères : *Testa elongata ; spira longiuscula ; anfractus 5, convexiusculi, versus suturam posticam leviter inflati, ultimus magnus, fere dimidiam longitudinem testæ æquans ; suturæ parum profundæ ; costæ longitudinales 6, elevatæ, angustæ, ad suturam posticam productæ, ab interstitiis latis et subplanatis separatæ, subsinuosæ, leviter obliquæ, ad caudam in ultimo anfractu productæ, in omnibus anfractibus non continuæ ; striæ transversæ inter costas minutissimæ ; os elongatum, angustum ; rima vix perspicua, in ultima varice non excavata ; cauda brevissima.*

Long. 6 mill. — Lat. 2 1/2 mill.

Coquille allongée; spire assez longue; tours au nombre de cinq, très peu convexes, presque plats en avant, et très légèrement renflés vers la suture postérieure, le dernier grand, égalant presque la moitié de la longueur totale de la coquille; sutures peu profondes; côtes longitudinales au nombre de 6, étroites, élevées, prolongées jusqu'à la suture postérieure et, sur le dernier tour, jusque sur la queue, légèrement sinueuses, un peu obliques, celles d'un tour ne faisant pas suite à celles du tour précédent; intervalles des côtes ornés très finement de stries extrêmement menues et élégantes; ouverture allongée, étroite; sinus à peine indiqué, n'entaillant pas la dernière varice; queue très courte.

Salies R.R.R.

Cette jolie espèce appartient au groupe des *M. rugulosa* Phil., et *M. frumentum* Brugn.; mais elle s'en distingue facilement par le nombre moindre de ses côtes longitudinales (6 au lieu de 9 dans *M. rugulosa* et 10-11 dans *M. frumentum*); ses tours sont aussi moins convexes, presque plats.

Mangilia Beneharnensis Nobis.

Cette nouvelle espèce présente les plus grandes analogies avec *Mangilia Vauquelini* Payr. sp. (*Pleurotoma*) (Hörnes, *Fossilen Mollusken des Wiener tertiaer beckens*, Pl. XL, fig. 18).

Caractères : Elle est seulement un peu plus petite, un peu plus trapue; son dernier tour est relativement plus large et ses premiers tours portent un nombre plus considérable de côtes.

Avec ces indications, il sera facile de la distinguer d'avec l'espèce de Payraudeau et de reconnaître son identité, sans qu'il soit besoin de la faire figurer.

Distinguunt hanc speciem a *M. Vauquelini* Payr. sequentes notæ :

Testa minor, crassior, ultimus anfractus latior, costulæ numerosiores in primis anfractibus.

Long. 4 1/2 mill. — Lat. 2 1/2 mill.

Salies R.R.R.

Mangilia sub-Vauquelini Nobis.

Cette espèce est encore très voisine de M. *Vauquelini* Payr. et de l'espèce précédente.

Caractères : Ses premiers tours sont plats, déprimés en arrière, le dernier est un peu convexe; ils portent 10-11 côtes longitudinales, étroites, élevées, rapprochées, obliques à l'axe de la coquille, prolongées sur chaque tour jusqu'à la suture et, sur le dernier, jusqu'à l'extrémité de la queue, ils sont ornés de stries transverses, peu apparentes : l'ouverture est étroite, allongée, le sinus bien marqué, la queue peu distincte.

Distinguunt hanc speciem a *M. Beneharnensis* sequentes notæ : *testa minor, elongatior ; spira acutior ;* et, a *M. Vauquelini* sequentes notæ : *testa minor; spira acutior.*

Long. 4 mill. — Lat. 1 1/2 mill.

Salies R.R.R.

Mangilia sp ?

Espèce présentant des affinités avec *M. cærulans* Philippi sp. (*Pleurotoma*) (Hörnes, *loc. cit.*, Pl. XL, fig. 19); mais portant moins de côtes longitudinales (8-9 au lieu de 11). Ces côtes sont d'ailleurs obliques de gauche à droite, surtout sur le dernier tour, en regardant la coquille, le sommet placé en arrière.

N'ayant recueilli qu'un seul exemplaire de cette espèce, exemplaire d'ailleurs roulé, nous avons jugé prudent de ne pas la faire figurer ni de lui donner un nom.

Long. 4 1/2 mill. — Lat. 2 mill.

Salies R.R.R.

Mangilia sp. ?

Voici une espèce qui est très probablement nouvelle, mais que nous n'osons pas faire figurer, parce que nous n'en avons recueilli qu'un seul exemplaire. Elle ne ressemble à aucune forme connue de nous.

Le test est épais, la spire allongée; les tours sont ornés de 7-8 grosses côtes longitudinales, courtes, irrégulières, n'allant pas jusqu'à la suture, et de très petits plis transverses, le dernier est très court; la suture est plane ; l'ouverture est ovale, courte; le labre et la columelle sont lisses; le sinus labial est peu prononcé, il entame à peine la dernière varice ; la queue est indistincte.

Long. 5 mill. — Lat. 2 mill.

Salies R.R.R.

Mangilia sp. ?

Cette espèce, nouvelle certainement, n'est représentée que par un seul exemplaire roulé, circonstance qui ne nous permet pas de la faire figurer ni de la décrire.

Elle appartient au même groupe que la précédente. Sa spire est très allongée et très étroite; ses tours sont ornés de côtes longitudinales peu saillantes et de stries transverses très fines; les sutures sont superficielles; la dernière varice donne au dernier tour, qui est très court, une apparence gibbeuse.

A première vue, cette espèce se distingue aisément de la précédente, ainsi qu'on peut en juger par les caractères qui viennent d'être énumérés.

Long. 7 mill. — Lat. 2 1/2 mill.

Salies R.R.R.

Mangilia sp.?

Cette espèce est voisine de *M. Biondii* Bell. et de *M. scabriuscula* Brugn , mais, n'en possédant pas d'exemplaire entier, nous ne pouvons l'assimiler d'une manière certaine à l'une ou à l'autre de ces deux espèces. Par le nombre et la disposition des côtes longitudinales et des stries transverses, elle se rapproche de la seconde; par sa forme générale, elle rappelle davantage la première.

Long. 6 mill. — Lat. 3 mill.

Paren R.R.R.

Mangilia ? sp.

Nous n'avons pu constater d'une manière certaine les affinités de cette espèce; n'en ayant pas d'exemplaire complet, nous n'osons même affirmer, ce qui est cependant probable, que ce soit une *Mangilia*.

La coquille est fusiforme-turriculée; le test est rugueux; les tours portent 8 grosses côtes longitudinales, prolongées jusqu'à la suture postérieure, et des plis transverses assez forts (3 sur les premiers tours, 6-7 sur le dernier) passant par dessus les côtes longitudinales qu'ils rendent noduleuses, aux points d'intersection; les tours sont déprimés en arrière, le dernier est très déprimé en avant; l'ouverture est ovale-allongée, sinueuse; la queue, bien distincte, porte sur le dos 4-5 sillons ornés de ponctuations.

Salies R.R.R.

Raphitoma Orthezensis Nobis (Pl. IX, fig. 10-10 *a*).

Caractères : *Testa non crassa, turrito-elongata; spira longa, acuta; anfractus 7, in media parte subcarinati, antice convexiusculi, postice depressi, ultimus antice parum depressus, dimidiam longitudinem subæquans; suturæ parum profundæ; costulæ longitudinales (14-15 in penultimo anfractu) parum prominentes, angustæ, regulariter decurrentes, leviter obliquæ, obsolete ante suturam posticam evanescentes; striæ transversæ minutissimæ, creberrimæ, nonnullæ majores; os ovale; labrum postice sat sinuosum; columella in media parte leviter excavata; cauda brevis, vix distincta, lata, leviter dextrorsum obliquata.*

Long. 11 mill. — Lat. 4 mill.

Coquille peu épaisse, turriculée, allongée; spire longue, assez aiguë; tours au nombre de 7, presque carénés dans leur partie médiane, un peu convexes en avant, déprimés en arrière, le dernier peu déprimé en avant, égalant à peu près la moitié de la longueur totale de la coquille (1); sutures peu profondes; côtes longitudinales nombreuses (14-15 sur l'avant-dernier tour), peu élevées, étroites, très régulièrement espacées, légèrement obliques, disparaissant après la carène qui se voit au milieu des tours, et n'existant plus dans la partie postérieure des tours;

---

(1) La figure qui représente cette espèce ne reproduit pas très exactement l'aspect du dernier tour. Il est en réalité plus grêle et moins ventru que ne l'indique le dessin.

stries transverses très fines, très nombreuses, quelques-unes plus fortes que les autres, plus régulières et plus nombreuses dans la partie postérieure déprimée des tours ; ouverture ovale ; labre assez sinueux en arrière ; columelle légèrement creuse en son milieu ; queue courte, à peine distincte, large, légèrement oblique vers la droite.

Cette très jolie espèce, remarquable par son ornementation fine et délicate et par l'harmonie de ses formes élégantes, est très voisine, d'après l'opinion de M. le Dr Boettger, à qui nous l'avons communiquée, de *R.megastoma* Brugn. Mais elle est bien distincte. Elle en diffère en effet par sa forme plus élégante, par ses côtes plus nombreuses et moins larges, moins accentuées, enfin par l'ensemble de son ornementation plus délicate.

Elle est très abondante et caractéristique dans les faluns d'Orthez et de Sallespisse ; elle est rare à Salies-de-Béarn. Nous l'avons retrouvée à Salles (Gironde) ; mais les exemplaires de cette localité ont leurs tours moins nettement carénés, ce qui d'ailleurs, pourrait bien provenir de l'état fruste dans lequel se présentent les fossiles de cette localité.

Paren C.C.C. — Sallespisse C.C.C. — Salies R.R.

Raphitoma Boettgeri Nobis (Pl. IX, fig 11-11 a b).

Caractères : *Testa ovato-fusiformis ; spira longiuscula, leviter inflata ; anfractus 7, convexi, postice parum depressi, ad suturam submarginati, ultimus sat ventrosus, antice parum depressus, dimidiam longitudinem superans : suturæ parum profundæ ; costulæ longitudinales 14-16 angustæ, compressæ, regulariter dispositæ, in primis anfractibus antice rectæ, postice sinuosæ, ante suturam posticam evanescentes, in ultimo anfractu subsinuosæ et ante basim caudæ evanescentes ; striæ transversæ partis anticæ anfractuum crebræ, majores et minores alternatæ, in parte postica minimæ, uniformes, subgranosæ ; os ovale, elongatum ; columella in media parte parum depressa ; cauda longiuscula, dextrorsum obliquata.*

Long. 12 mil. — Lat. 4 1/2 mil.

Coquille ovale-fusiforme ; spire médiocrement longue, légèrement renflée ; tours au nombre de 7, convexes, un peu déprimés en arrière et submarginés vers la suture, le dernier assez ventru, peu déprimé en avant, dépassant en longueur la moitié de la coquille; sutures peu profondes; côtes longitudinales au nombre de 14-16, étroites, comprimées, régulièrement placées, celles des premiers tours droites en avant, sinueuses et amincies en arrière, disparaissant avant la suture postérieure, celles du dernier tour un peu sinueuses et disparaissant avant la base de la queue; stries transverses de la partie antérieure des tours très fines, très nombreuses, alternativement plus fortes et plus faibles, excessivement fines sur la partie postérieure des tours, toutes égales, subgranuleuses; ouverture ovale, allongée; columelle peu excavée dans sa partie médiane; queue assez longue, oblique vers la droite.

Cette espèce est voisine de *R. plicatella* Jan.; mais elle en diffère sensiblement par sa taille, de moitié moindre, et aussi par le nombre de ses côtes longitudinales qui existent sur tous les tours en nombres égaux, tandis que *R. plicatella* n'en porte que 8-10 sur le dernier. Elle est assez rare au Paren et à Salles-pisse et commune à Salies-de-Béarn. M. le Dr Boettger nous écrit qu'il la possède de Saint-Paul de Dax (Moulin de Cabanne). Nous l'avons rencontrée, assez abondante, à Salles (Gironde). C'est là que paraît être son véritable horizon.

Paren R. — Sallespisse R. — Salies C.C.

Raphitoma sp. ?

Espèce distincte des précédentes et de celles qui seront mentionnées ci-après et que nous n'avons pu identifier avec aucune autre; mais dont nous n'avons rencontré qu'un seul exemplaire, incomplet. Elle appartient au même groupe que *R. Orthezensis*, mais ne saurait être confondue avec lui.

Sallespisse R.R.R.

Raphitoma vulpecula Brocchi.

Salies R.R. — Paren R.R.

Ce n'est pas sans hésitation que nous citons cette espèce ici, car les exemplaires que nous identifions avec elle paraissent différer assez sensiblement de la figure donnée par Bellardi (*loc. cit.*, pl. IX, fig. 20) et de celle dessinée par Brocchi (Pl. VIII, fig. 10). Notre espèce est plus petite. Mais, comme elle est citée à Salies-de-Béarn, par Tournouër, dans la « *Paléontologie de*

Biarritz », nous croyons devoir la mentionner malgré nos doutes.

Paren R. — Salies R.R.

Raphitoma sp. ?

Exemplaire unique d'une espèce, petite pour le genre, qui rappelle *R. angulifera* Bell. (*Loc. cit.*, pl. IX, fig. 14), mais que nous n'osons identifier, d'une manière certaine, avec cette forme.

Paren R.R.R.

Raphitoma elongatissima Nobis (Pl. IX, fig. 9-9 *a*).

CARACTÈRES : *Testa minima; spira perlonga, acuta, subcylindrica; anfractus 7-8, convexiusculi, antice fere planati, postice leviter depressi, ultimus brevis, antice sat depressus, vix 2/5 longitudinis testæ aequans; suturæ superficiales; costulæ longitudinales 10-11, compressæ, angustæ, rectæ, postice attenuatæ, sinuosæ, contra suturam posticam productæ, in ultimo anfractu ante basim caudæ evanescentes; striæ transversæ creberrimæ, minimæ, acutæ, regulariter dispositæ, nonnullæ majores alternatæ, omnes in parte postica anfractuum æquales, tenuissimæ, subgranosæ; os sat elongatum, angustum; labrum postice profunde sinuosum; columella medio parum excavata; cauda brevis, recta.*

Long. 7 mil. — Lat. 2 mil.

Coquille petite ; spire très longue, aiguë, subcylindrique ; tours au nombre de 7-8, un peu convexes, en avant presque plats, en arrière légèrement déprimés, le dernier court, assez déprimé en avant, égalant à peine les 2/5 de la longueur totale de la coquille ; sutures superficielles ; côtes longitudinales, au nombre de 10-11, comprimées, peu fortes, étroites, droites, atténuées, amincies et sinueuses en arrière, s'étendant jusqu'à la suture postérieure, disparaissant sur le dernier tour avant la base de la queue ; stries transverses très nombreuses, très fines, aiguës, régulièrement disposées, alternativement plus fortes et plus faibles, excepté sur la partie postérieure des tours où elles sont toutes égales, très fines, subgranuleuses ; ouverture assez allongée, étroite ; labre très fortement sinueux en arrière ; columelle peu creusée en son milieu ; queue courte, droite.

Paren C.C.C. — Sallespisse C.C.C. — Salies R.

Cette élégante et très jolie petite espèce est caractéristique par son abondance extrême des gisements que nous étudions; nous ne l'avons pas rencontrée ailleurs dans le Sud-Ouest.

Raphitoma subcrenulata d'Orbigny sp. (*Pleurotoma*).
Paren R. — Sallespisse R.R. — Salies R.

Raphitoma attenuata Montague sp. (*Murex*). (Non Deshayes, nec Dujardin).
Paren C.C.C. — Sallespisse C.C.C. — Salies C.

Raphitoma sp. ?

Espèce voisine de *R. hispida* Bellardi et *R. detexta* Bellardi, mais distincte de l'une et de l'autre. Elle est plus petite que la première (8 mil. au lieu de 12) et porte moins de côtes longitudinales que les deux autres (10 au lieu de 12).
Salies R.R.R.

Raphitoma sp. ?

Espèce du même groupe que la précédente, de même taille, mais bien différenciée par les stries transverses dont elle est ornée. Ces stries sont très accentuées, comprimées, aiguës, ce qui donne à la coquille un aspect anguleux.
Salies R.R.R.

Raphitoma sp. ?

Espèce qui ne ressemble à aucune des précédentes, bien qu'elle soit de même taille, mais dont l'exemplaire unique que nous avons recueilli est roulé, ce qui ne permet aucune identification certaine.
Salies R.R.R.

Raphitoma sp ?
Sallespisse R.R.R.

CANCELLARIIDÆ.

Cancellaria buccinula Basterot (*fide* Tournouër).
Salies R.R.

Cancellaria Barjonæ Da Costa.
Paren C. — Sallespisse C. — Salies R.

Cancellaria inermis Pusch.
Salies R.R.R.

Cancellaria Westiana Grat. (*fide* Tournouër).
  Salies R.R.

Nous ne croyons pas que cette forme existe réellement à Salies. Elle est très voisine de la précédente. Peut-être Tournouër les a-t-il confondues !

Cancellaria Leopoldinæ Tournouër (in *Paléont. de Biarritz*, p. 11, pl. I, fig. 7).
  Salies R.R.

Cancellaria mitræformis Brocchi sp. (*Voluta*) (*fide* Benoist).
  Paren R.R.

Cancellaria spinifera Grateloup.
  Paren R.R.R.

Cancellaria cancellata Lin.
  Salies R.R. — Paren C. (*fide* Benoist).

Cancellaria subcancellata d'Ancona.
  Paren R. — Sallespisse R.R. — Salies R.

Cancellaria varicosa Brocchi, var. décrite par Tournouër (in *Paléont. de Biarritz*, p. 11, pl. I, fig. 6).
  Paren R.R.R. — Sallespisse R.R.R.

Cancellaria uniangulata ? Deshayes.
  Paren R.R.R. — Salies R.R.

Nous ne mentionnons cette espèce qu'avec un point de doute, nos exemplaires n'étant pas adultes. La forme de la spire, très aiguë, est bien celle de l'espèce de Deshayes ; mais, par certains caractères, nos exemplaires rappellent aussi *C. lyrata* Brocchi et *C. calcarata* Brocchi. C'est peut-être cette forme que notre collègue Balguerie (*loco citato*) a citée sous le nom de *C. calcarata* Brocchi, au Paren.

Cancellaria sp. ? aff. *C. gradata* Hörnes et *C. scrobiculata* Hörnes.

CARACTÈRES : Cette espèce diffère des deux espèces de Hörnes, en ce qu'elle porte 3 plis au lieu de 2, à la columelle. Elle diffère en outre de *C. gradata*, en ce qu'elle est perforée. — Néanmoins elle a les plus grandes analogies de forme et d'ornementation avec les deux espèces du bassin de Vienne.
  Paren R.R. — Salies R.R.R.

Cancellaria sp. ?

CARACTÈRES : Petite espèce très courte, à dernier tour globuleux, à peine costulée longitudinalement, portant de forts plis transverses, larges et plats, séparés par d'autres plis plus petits ; 2 plis à la columelle. — Exemplaires non adultes.

Paren R.R.

Cancellaria sp. ?

Un seul exemplaire, malheureusement incomplet, d'une espèce non costulée longitudinalement, à stries transverses rares, à peine indiquées, à tours séparés les uns des autres, comme ceux de *Dipsaccus eburnoïdes* Math., par un canal profond, lisse et plat ; 3 plis sur la columelle.

Salies R.R.R.

OLIVIDÆ.

Oliva Dufresnei Basterot.

Sallespisse R.R.R. — Salies R.R.

Ancilla glandiformis Lamarck, variété *elongata* Deshayes (*fide* Tournouër).

Salies R.R.

MARGINELLIDÆ.

Marginella miliacea Deshayes.

Paren C. — Sallespisse R.R.R. — Salies R.R.R.

MITRIDÆ.

Mitra incognita Basterot.

Salies R.R.

Mitra Bouilleana Tournouër (in *Paléont. de Biarritz*, p. 13, pl. I, fig. 5).

Paren R.R. — Salies R.R.

Mitra goniophora Bellardi.

Salies R.R.

Mitra indicata Bellardi.

Paren R.R.R. — Salies R.R.

Mitra scrobiculata Brocchi, variété décrite in « *Paléont. de Biarritz* », p. 11.

Salies R.R.R.

Mitra planicostata ? Bellardi (*fide* Benoist).

Paren R.R.R.

Mitra Bronni Michelotti (*fide* Benoist).

Paren R.R.R.

Mitra fusulus Cocconi (*fide* Benoist).

Paren R.R.

Mitra sp. ?

Espèce du groupe de *M. Bonellii* Bellardi et *M. Zinolensis* Bellardi, de très petite taille (long. 12 mil. — lat. 5 mil.), ornée de sillons ponctués, comme *M. scrobiculata*, caractère qui n'est pas indiqué dans la description des deux espèces de Bellardi. Notre espèce est plus petite que *M. Bonellii* et de même taille que *M. Zinolensis*. Elle est voisine des deux. Elle existe à Saubrigues où nous l'avons recueillie.

Salies R.R.

Mitra sp. ?

Espèce différente de toutes les précédentes, à spire très courte, très ventrue, mais indéterminable, parce que l'unique exemplaire que nous possédons est trop roulé.

Salies, R.R.R.

Turricula ebenus ? Lamarck sp. (*Mitra*) (in Hörnes, pl. X, fig. 11, 12, 13).

Paren R.R. — Salies R.R.

Turricula recticosta ? Bellardi sp. (*Mitra*) (in Hörnes, pl. X, fig. 31).

Salies R.R.R.

Turricula cupressina Brocchi sp. (*Voluta*) (*fide* Benoist).

Paren R.R.

Turricula sp. ? aff. *T. plicatula* Brocchi sp. (*Voluta*).

Espèce à spire moins aiguë que la forme décrite par Brocchi, obtuse, et dont les tours sont légèrement renflés vers la suture postérieure.

Salies R.R.R.

Turricula sp. ?

Espèce rappelant *M. consimilis* Bellardi sp. (*Uromitra*), mais plus grande et bien distincte.

Salies R.R.R.

Turricula sp. ?

Espèce très petite (2 mill.), à spire très courte, ovoïde, couverte de côtes longitudinales très rapprochées, droites, séparées par des intervalles linéaires dont l'espace est occupé par des plis transverses très petits et par des sillons un peu plus larges; 4 plis à la columelle.

Cette forme rentrerait, croyons-nous, dans le genre *Diptychomitra* de Bellardi.

Saliès R.R.R.

Cylindromitra minute-cancellata nobis (Pl. VIII, fig. 8-8 *a*).

Caractères : *Testa ovato-turrita, angusta; spira longa, satis acuta, medio inflata; anfractus 5 convexi, ultimus dimidiam longitudinem superans, antice vix depressus; suturæ superficiales, antice marginatæ; superficies longitudinaliter et transverse tota costulis regulariter et minute cancellata; costulæ longitudinales crebræ, sat prominentes, rectæ, ante basim caudæ in ultimo anfractu evanescentes; costulæ transversæ vix minores, 5-6 in primis anfractibus, 15 in ultimo, omnes super costulas longitudinales decurrentes; os sat longum, angustum, medio dilatatum; labrum extus incrassatum, varicosum, intus pluridentatum, medio arcuatum; columella producta, postice callosa, quadriplicata; cauda brevis.*

Long. 10 mill. — Lat. 3 mill. 1/2.

Coquille ovale-turriculée, très allongée; spire longue, assez aiguë, renflée légèrement au milieu; tours (5-6) assez convexes, le dernier très peu déprimé en avant, égalant plus de la moitié de la longueur de la coquille; sutures superficielles, marginées en avant; superficie régulièrement, totalement et finement cancellée par de petites côtes longitudinales et transverses; côtes longitudinales nombreuses (20), régulières, plus larges que les intervalles qui les séparent, parallèles à l'axe de la coquille, disparaissant sur le dernier tour avant la base de la queue; côtes transverses (5-6 sur les premiers tours, 15 sur le dernier) régulières, un peu plus faibles que les côtes longitudinales, les unes et les autres découpées aux points d'intersection en nodosités régulières; ouverture étroite, très allongée, rétrécie en arrière, élargie au milieu; labre épais, variqueux extérieurement, finement denticulé intérieurement, arqué au milieu; columelle forte, calleuse en arrière, portant 4 gros plis; queue courte.

Salies R.R.R.

Cylindromitra angustissima Nobis (Pl. VIII, fig. 7-7 *a*).

CARACTÈRES : *Testa minima, cylindro-turrita; spira longa, acuta, medio leviter inflata; anfractus 5-6, fere planati, ultimus dimidiam longitudinem æquans, antice sat depressus; suturæ superficiales, antice marginatæ; costulæ longitudinales 18-20 regulares, rectæ, interstitiis minoribus separatæ, ante basim caudae in ultimo anfractu evanescentes; plicæ transversæ in interstitiis costularum longitudinalium, 4 in primis anfractibus, 8-10 in ultimo, 3 vel 4 in cauda majores; os valde angustum, elongatum, postice leviter dilatatum, labrum extus non incrassatum, intus pluridentatum; columella postice callosa, quadriplicata; cauda longa.*

Long. 6 mill. — Lat. 2 mill.

Coquille très petite, cylindrique-turriculée ; spire longue, aiguë, légèrement renflée au milieu; tours (5-6) presque plats, le dernier égalant la moitié de la longueur de la coquille, assez déprimé en avant; suture superficielle, marginée en avant; côtes longitudinales (18-20), régulières, droites, séparées par des intervalles plus étroits que leur largeur, disparaissant avant la queue de la coquille; plis transverses occupant seulement l'espace compris entre les côtes longitudinales (4 sur les premiers tours, 8-10 sur le dernier, 3 ou 4 plus forts, élevés, sur la queue); ouverture très étroite, allongée, légèrement sinueuse, un peu élargie en arrière; labre denticulé intérieurement, non épaissi extérieurement; columelle calleuse en arrière, portant 4 plis; queue longue.

Paren R.R.R. — Salies C.

FASCIOLARIIDÆ.

Fusus sp.? un très jeune individu indéterminable.

Sallespisse R.R.R.

Fusus sp? Un très jeune individu indéterminable.

Paren R.R.R.

Latirus nodiferus Dujardin sp. (*Fasciolaria*).
Salies R.R.R.

TURBINELLIDÆ.

Tudicla rusticula Basterot sp. (*Pyrula*).
Paren C. — Sallespisse R. — Salies R.

Melongena cornuta? Agassiz (*fide* Tournouër).
Salies R.R.R.

BUCCINIDÆ.

Chysodomus sp.?

Espèce portant 10 grosses côtes longitudinales, épaisses, obtuses, obliques et, sur chaque tour, le dernier excepté, 4-5 plis transverses faibles, parfois séparés par un pli plus petit, très fin; suture superficielle; labre plissé intérieurement.

Ce dernier caractère excluerait cette espèce du genre *Chryso-domus*, d'après la diagnose de ce genre dans le « *Manuel de Conchyliologie* » de M. le Dr Fischer. Néanmoins, nous croyons qu'elle ne doit être rapportée à aucun autre; d'ailleurs Bellardi a représenté, dans son bel ouvrage sur les Mollusques tertiaires du Piémont, des *Chrysodomus* dont le labre est plissé.
Paren R.R.

Chrysodomus sp?

Espèce de très petite taille, probablement nouvelle et que nous n'avons pu identifier avec aucune autre. Un seul exemplaire.
Salies R.R.R.

Cominella Andrei Basterot sp. (*Nassa*).
Salies R.R.R.

Cyllene (S.-genre *Cyllenina*) **ancillariæformis** Grateloup sp. (*Buccinum*).
Paren R.R. — Sallespisse R.R. — Salies R.

M. Balguerie (*loc. citat.*) mentionne cette espèce sous le nom de *Nassa miocenica* Michelotti, que Bellardi comprend dans la synonymie de notre espèce.

Cyllene (S.-genre *Cyllenina*) **baccatus** Basterot sp. (*Buccinum*).
Paren R.R.R.

L'unique exemplaire de cette espèce que nous avons recueilli est une variété du *B. baccatum* Basterot. Cet exemplaire est identique à la variété de cette espèce qui, dans le Bordelais, est si répandue dans l'Aquitanien, notamment à Lariey (Saucats), et que notre collègue, M. Benoist (*Testacés foss. de La Brède et Saucats*, n° 662) avait assimilé au *Buccinum duplicatum* Sowerby dont on trouve la figure dans Hörnes (*Moll. Foss. du bassin de Vienne*, pl. XIII, fig. 7-9) sous le nom de *B. baccatum* Basterot. La figure de Hörnes ne représente pas l'espèce de Basterot dont notre variété est très distincte, ni cette variété dont la spire est beaucoup plus allongée. A notre avis, elle mériterait d'être décrite et désignée sous un vocable spécial.

Tritonidea unifilosa Bellardi sp. (*Pollia*).

Salies R.R.R.

Pisania intercisa ? Michelotti sp. (*Murex*).

Paren R.R. — Salies R.R.

Pisania exacuta Bellardi sp. (*Pollia*).

Paren R.R. — Salies R.R.

Euthria cornea Brocchi (*fide* Benoist).

Paren R.R.

Euthria sp.?

Espèce très probablement nouvelle, que nous ne pouvons assimiler à aucune de celles qui sont décrites par Bellardi (*loc. cit.*), de petite taille (22 mil.-12 mil), à test très épais, ornée sur toute sa superficie de côtes longitudinales larges, obsolètes, rapprochées, toutes sinueuses, s'arrêtant sur le dernier tour à la base de la queue, et dans les intervalles desquelles on voit de petits plis peu distincts.

Paren R.R.R.

Euthria Benoisti Nobis (Pl. VIII, fig. 10).

Caractères : *Testa crassiuscula, cylindro-turrita, lævis; spira longa; anfractus 7 convexiusculi, subplanati, ultimus prope suturam posticam leviter compressus, antice valde depressus, 2/5 totius longitudinis testæ æquans; suturæ lineares, leviter subcanaliculatæ; 8-9 plicæ in ultimo anfractu, ad basim caudæ; apertura ovalis, subquadrangularis, postice angustata; labrum antice arcuatum, extus incrassatum, intus pluriplicatum; columella arcuata, elevata, leviter callosa, postice extensa, antice tuber-culata; cauda brevis.*

Long. 18 mill. — Lat. 7 mill.

Coquille assez épaisse, cylindrique-turriculée, lisse; spire longue; tours au nombre de 7, un peu convexes, presque plats, le dernier légèrement comprimé vers la suture postérieure, très déprimé en avant, égalant à peu près les 2/5 de la longueur totale de la coquille; sutures linéaires, légèrement subcanali-culées; 8 ou 9 plis sur le dernier tour, vers la base de la queue; ouverture ovale, presque quadrangulaire, rétrécie en arrière; labre arqué en avant, épaissi extérieurement, portant plusieurs plis intérieurement; columelle arquée, élevée, légèrement calleuse et s'étendant un peu en arrière sur la partie ventrale du dernier tour, tuberculeuse en avant; queue courte.

Salies R.R.R.

Euthria minima Nobis (Pl. VIII, fig 9-9 *a*).

CARACTÈRES : *Testa minima, valde elongata; spira sat angusta, medio subinflata; anfractus 6-7, primi planati, penultimus et ultimus convexiusculi, ultimus ad suturam posticam leviter com-pressus, antice parum depressus, dimidiam longitudinem testæ subæquans; suturæ superficiales, parum conspicuæ; superficies tota striis transversis creberrimis, æqualibus et tenuissimis ornata; apertura ovato-elongata; labrum antice subdilatatum, extus incrassatum, intus pluriplicatum; columella arcuata, lævis, antice incrassata, postice in ventralem ultimi anfractus partem extensa; canalis latus, brevis; cauda brevis.*

Long. 8 mill. — Lat. 3 mill.

Coquille très petite et allongée : spire assez aiguë, un peu renflée dans le milieu; tours au nombre de 6-7, les premiers plats les deux derniers un peu convexes, le dernier légèrement com-primé vers la suture postérieure, peu déprimé en avant, égalant à peu près la moitié de la longueur totale de la coquille; sutures très superficielles, peu visibles; superficie de la coquille entière-ment couverte de stries transverses égales, fines, très nom-breuses; ouverture ovale-allongée; labre un peu dilaté en avant, épaissi extérieurement, portant intérieurement plusieurs plis; columelle arquée, lisse, s'étendant un peu en arrière sur la partie ventrale du dernier tour et portant en avant une sorte de callosité ou pli obtus ; canal large et court ; queue courte.

Salies R.R.R.

Euthria sp. ?

Espèce ornée de côtes longitudinales assez fortes sur le dernier tour et de plis transverses, à tours fortement excavés en arrière, surtout le dernier. — Un seul exemplaire non adulte.

Salies R.R.R.

Euthria (S.-genre *Jania*) **cristata ?** Brocchi sp. (*Murex*).

Exemplaire non adulte, de détermination incertaine.

Salies R.R.R.

Euthria (S.-genre *Jania*) **angulosa** Brocchi (*fide* Benoist).

Paren R.R.

Genea Bellardii Benoist in coll.

Cette espèce n'est pas encore décrite. Elle le sera par notre collègue, M. Benoist, qui lui a donné ce nom dans sa collection. On pourra la reconnaître aux caractères suivants : espèce très petite, dont la surface est finement ornée de stries transverses très ténues, très serrées, à peine visibles et seulement à la loupe ; pas de côtes longitudinales ; différente par suite de *G. Bonellii* Géné dont les premiers tours portent des côtes longitudinales, et de *G. Broderipi* Grateloup sp. (*Pleurotoma*) dont les tours offrent une surface cancellée.

Sallespisse R.R.R.

Cette espèce se retrouve, mais très rare, dans le Bordelais.

Engina exsculpta Dujardin sp. (*Purpura*).

Paren R.R. — Salies R.R.

Engina sp. ?

Espèce très voisine ou peut-être même simple variété de la précédente, à spire moins ouverte et de taille moindre.

Paren R.R.R. — Salies R.R.R.

Phos connectens Bellardi (*fide* Benoist).

Paren R.R.

Dipsaccus cf. **derivatus** Bellardi sp. (*Eburna*) (*fide* Benoist)

Paren R.R.R.

NASSIDÆ.

Nassa Salinensis Tournouër (*Paléont. de Biarritz*, p. 13, pl, I, fig. 10).
Salies R.R. — Paren R.R.

M. Balguerie, dans la note publiée dans nos Actes (t. XXXVIII) que nous avons déjà citée, mentionne la présence au Paren de *N. mutabilis* L. et *N. ventricosa* Grat. Nous croyons que c'est par erreur de détermination. Il a dû confondre *N. ventricosa* avec *N. Salinensis*, espèce voisine, mais bien différenciée par ses rides longitudinales et sa forme plus petite et moins ventrue. Quant à *N. mutabilis*, nous ne l'avons pas rencontré au Paren, ce qui ne veut pas dire qu'on ne l'y trouve pas. Mais nous pensons qu'il a dû se produire, pour cette espèce comme pour la précédente, une confusion avec l'une des formes que nous citons ci-dessous.

Nassa Orthezensis Tournouër (*Paléont. de Biarritz*, p. 14, pl. I, fig. 11-11 *a*).
Salies C.C.C. — Paren C.C.C. — Sallespisse C.C.C.

Nassa punctifera Nobis (Pl. VIII., fig. 1-1 *a*, 2-2 *a*).

CARACTÈRES : *Testa solida, conica; spira elongata, acutissima; anfractus (8-9) convexiusculi, ultimus antice valde depressus, 1/3 totius longitudinis subæquans; costæ longitudinales (20-21) uniformes, angustæ, leviter in primis anfractibus arcuatæ, in ultimo præsertim ad suturam posticam sinuosæ; in interstitiis costarum longitudinalium, sulci transversi (7-9 in primis anfractibus, 20-22 in ultimo), regulares, punctulati; sutura regularis, parum profunda; os parvum, obliquum, ovale, postice angustatum, antice parum dilatatum; labrum sinistrum exterius incrassatum, interius pluri-plicatum; labrum dexterum non ultra os productum, acutum; columella lævis, in mediana parte arcuata, postice uni-plicata; canalis brevis, angustus, postice et oblique reflexus, a labiis acutis circumscriptus.*
Long. 12 mill. — Lat. 6 mill.

Coquille assez solide, conique; spire allongée, toujours très aiguë, mais plus ou moins selon les individus; tours (8-9) très légèrement convexes, ornés de côtes longitudinales (20-21 sur les deux derniers tours), régulièrement espacées, minces, un peu arquées sur les premiers tours, sinueuses sur le dernier, surtout vers la suture postérieure; espace compris entre les côtes longitudinales occupé par de petits sillons transverses (7-9 sur les premiers tours, 20-22 sur le dernier) très réguliers, couverts de ponctuations imprimées; dernier tour très déprimé en avant vers la région ombilicale, égalant environ 1/3 de la longueur totale; suture régulière, peu profonde; bouche un peu oblique par rapport à la spire, petite, ovale, comprimée en arrière, un peu élargie en avant; labre gauche infléchi, en avant, vers le canal, épaissi extérieurement en bourrelet régulier, étroit, portant intérieurement des plis nombreux; labre droit ne dépassant pas l'ouverture, à bord tranchant; columelle lisse, creusée en son milieu, portant un petit pli en arrière; canal court, étroit, infléchi obliquement en arrière, bordé par des lèvres assez tranchantes.

Paren C.C.C. — Sallespisse C.C.C. — Salies R.R.R.

Cette espèce, dont la spire est variable, plus ou moins allongée, se rapproche du *Buccinum spectabile* Mayer, par sa forme, mais elle en diffère notamment par l'absence de varices sur les tours, par le nombre plus grand des côtes longitudinales qu'elle porte et par les ponctuations imprimées qui se voient dans l'espace occupé par les sillons transverses. Elle rappelle aussi *N. vulgatissima* Mayer, de Saubrigues; mais sa spire est plus aiguë, ses tours moins renflés et son ornementation différente. Elle est très commune au Paren et à Sallespisse, très rare à Salies.

Nassa Marsooi Nobis. (Pl. VIII, fig. 5-5 *a*).

CARACTÈRES : *Testa parva, crassa; spira turriculata, acuta; anfractus (6-7) complanati, in mediana parte subexcavati, ultimus 1/3 totius longitudinis æquans; costæ longitudinales (8 in ultimo anfractu, 9-10 in ceteris) rectæ, magnæ, obtusæ, regulariter inter se distantes, postice tuberculosæ; striæ transversæ leves (8-9 in ultimo anfractu), vix et tantum in interstitiis costarum longitudinalium apparentes; sutura sinuosa, tuberculis costarum longitudinalium antice marginata; os ovale, antice parum dilatatum, postice angustatum, obliquum; labrum sinistrum tenue, interius pluri-plicatum, exterius leviter incrassatum; labrum dexterum non ultra os productum, postice uniplicatum; columella brevis,*

*regulariter et parum arcuata, lævis ; canalis brevis, latus, postice
et oblique reflexus, a labiis brevibus, obtusis, circumscriptus.*

Long. 10 mill. — Lat. 5 mill.

Coquille petite, solide; spire aiguë, turriculée; tours (6-7)
plats, disposés en gradins, excavés légèrement dans leur partie
médiane, ornés le dernier de 8, les autres de 9 ou 10 côtes longitudinales, fortes, obtuses, droites, très régulièrement placées,
tuberculeuses en arrière, au commencement de chaque tour;
stries transverses légères (8 ou 9 sur le dernier tour), peu
visibles et occupant seulement l'espace compris entre les côtes
longitudinales; dernier tour égalant à peu près 1/3 de la longueur totale; suture sinueuse, assez profonde, bordée, au
commencement de chaque tour, par une sorte de bourrelet formé
par les tubercules qui se voient à la partie postérieure de chaque
côte longitudinale; bouche régulièrement ovale, un peu dilatée
en avant et rétrécie en arrière, oblique par rapport à la spire;
labre gauche assez mince, portant intérieurement quelques plis
assez gros et extérieurement un petit bourrelet plat; labre droit
ne dépassant pas l'ouverture et portant en arrière un petit pli;
columelle régulièrement arrondie, creusée, lisse; canal court,
assez large, un peu infléchi obliquement en arrière, bordé par
des lèvres courtes, épaisses.

Salies R.R.

Nous dédions avec reconnaissance à la mémoire de M. le
Dr Marsoo, un ami des sciences, que la mort a prématurément
enlevé à l'affection de tous ceux qui le connaissaient, cette espèce
nouvelle. Nous l'avons trouvée dans le gisement de Salies-de-
Béarn dans lequel M. le Dr Marsoo avait eu l'obligeance de guider
nos recherches.

Nassa varicosa Nobis (Pl. VIII, fig. 3-3 *a*).

CARACTÈRES : *Testa parva, crassa; spira longa, acuta; anfractus
(7-8) complanati, ultimus 2/5 totius longitudinis subæquans, antice
depressus; costæ longitudinales (11-13) obtusæ, fere læves, rectæ
in primis anfractibus, subsinuosæ in ultimo, postice incrassatæ,
una interdùm varicosa in ultimo aut penultimo anfractu; striæ
transversæ (6-7 in primis anfractibus, 14-15 in ultimo) angustæ,
costulis obtusis separatæ; costulæ crescentes in ultimo anfractu,
præsertim ad basim caudæ, ibi elevatæ; sutura parum profunda,*

leviter sinuosa; os parvum, ovale, obliquum; labrum sinistrum læve aut interius plicatum, regulariter arcuatum; labrum dexterum leviter in regionem umbilicalem et postice productum; columella curta, lævis, parum arcuata, antice et postice unidentata; canalis brevis, angustus, postice reflexus, a labiis curtis, angustis, circumscriptus.

Long. 12 mill. — Lat. 5 1/2 mill.

Coquille petite, épaisse; spire allongée, aiguë; tours (7-8) plats, le dernier égalant à peu près les 2/5 de la longueur totale, déprimé en avant; côtes longitudinales (11-13) obtuses, presque lisses, droites sur les premiers tours, subsinueuses sur le dernier, légèrement épaissies en arrière, l'une d'elles parfois variqueuse sur l'avant-dernier ou le dernier tour; stries transverses (6-7 sur les premiers tours, 14-15 sur le dernier), étroites, séparées par de petites côtes plates, obtuses, augmentant d'importance sur le dernier tour, vers la base de la queue, où elles sont élevées, saillantes; suture peu profonde, un peu sinueuse; bouche petite, ovale-allongée, oblique par rapport à la spire; labre gauche lisse ou peu plissé intérieurement, régulièrement arrondi; labre droit un peu étendu sur la région ombilicale et, en arrière, sur le ventre du dernier tour; columelle lisse, légèrement creusée en son milieu, portant une dent en avant et une autre en arrière; canal court, étroit, un peu infléchi en arrière, bordé par des lèvres minces et courtes.

Paren R.

Nassa Rideli G. Dollfus (*Bull. Soc. de Borda*, Dax, 1889, 3e trim., p. 219).
Salies R.R. — Paren C. — Sallespisse R.

Nassa solitaria G. Dollfus (*loc. cit.*).
Salies R.

Nassa reticulata Linné sp. (*Buccinum*), variété.

Nous ne pouvons attribuer qu'à cette espèce un exemplaire trouvé au Paren, bien qu'il diffère sensiblement de la forme décrite par Linné : 1° par la dimension de son ouverture, moins grande; 2° par ses côtes longitudinales, bien moins accentuées, surtout sur le dernier tour où elles n'existent, pour ainsi dire pas; 3° par l'absence du sillon transverse plus profond et plus

large que tous les autres qui se voit, chez *N. reticulata,* sur la
partie postérieure de chaque tour. Néanmoins, nous pensons que
cette forme ne constitue qu'une simple variété ancestrale de la
forme vivante.

Paren R.R.R. — Salies R.R.

Nassa prismatica? Brocchi sp. (*Buccinum*).
Salies R.R.R.

Un seul exemplaire, non adulte, mais présentant bien les
caractères de l'espèce. Néanmoins, nous ne la mentionnons
qu'avec un point de doute.

Nassa limata Chemnitz, (Pl. VIII, fig. 4-4 *a*). var. *minima*
Tournouër (*Paléont. de Biarritz*, p. 15).

Ce n'est qu'avec doute que notre regretté confrère Tournouër
a identifié la forme dont il s'agit avec celle décrite par Chemnitz.
A la vérité, comme lui, nous doutons un peu de l'exactitude de
cette assimilation, en raison surtout de la différence de taille qui
existe entre *N. limata* Chem. et les exemplaires de Salies.
Ceux-ci, les plus grands, n'ont que de 9 à 10 mill. de longueur
et 6 mill. de largeur, et ceux-là même qui ont une taille infé-
rieure sont tous adultes. Or, *N. limata* Chem., adulte, a 20 mill.
de longueur ordinairement (Bellardi, *loc. cit.* Parte III,
page 73).

La forme de Salies appartient bien du reste au groupe de
M. prismathica Broc., *N. Brugnonis* Bell., *N. Borelliana* Bell., qui
paraissent être des variétés dérivées d'une même forme ancestrale. Mais elle se distingue des deux premières espèces par la
petitesse de sa taille et le nombre plus considérable de ses côtes
longitudinales, et de la troisième par le nombre plus considérable de ses côtes et par sa forme plus ventrue. Elle se rapproche,
au surplus, beaucoup de la forme décrite et figurée par Da Costa
(*Gast. terc. Portugal,* page 99, pl. XIV, fig. 16, *a*, *b*.), sous le
nom de *Buccinum prismaticum*. Comme Tournouër n'avait pas
fait figurer cette espèce, nous réparons cette omission dans ce
travail, et nous indiquons les différences qui la distinguent
des autres espèces voisines.

CARACTÈRES : Differt hæc species a *N. prismatica* et *N. Brugnonis : longitudine minore et costis longitudinalibus numero-*

sioribus; et a *N. Borelliana* : *costis longitudinalibus numerosioribus et forma magis ventrosa ;*

Distinguunt etiam hanc formam a *N. primatica* Brocchi, sequentes notæ : 1° *costulæ transversæ latæ, obtusæ, a sulcis angustioribus separatæ;* 2° *labrum dexterum magis in posteriorem ultimi anfractus partem productum.*

Long. 9-10 mill. — Lat. 6 mill.

Salies, C.C.

Nassa sp. ?

Encore une espèce du même groupe que les précédentes, mais différent de *N. prismatica* comme de *N. limata*, un peu plus grande que la variété de cette dernière espèce décrite ci-dessus, mais beaucoup plus petite que *N. prismatica*. C'est peut-être une espèce nouvelle, peut-être aussi une simple variété de l'une des formes du groupe de *N. prismatica*. N'en ayant recueilli que 2 ou 3 exemplaires, dans le doute où nous sommes, nous nous abstenons de la décrire et de lui donner un nom.

Paren R.R. — Sallespisse R.R.

Nassa sp. ?

Espèce très voisine, si ce n'est la même, d'une forme connue depuis longtemps, qui se trouve assez abondamment à Largileyre, commune de Salles (Gironde), dans l'Helvétien, mais dont le véritable horizon est le Burdigalien. Elle en est caractéristique. Elle est très commune à Léognan et à Saucats, dans tous les gisements de cet étage. Elle avait été longtemps et à tort, d'après l'opinion de M. Bellardi, à qui elle a été communiquée par notre collègue, M. Benoist, assimilée à *N. asperula* Brocchi sp. (*Buccinum*). C'est sous ce nom qu'elle a été désignée dans tous les mémoires publiés pendant longtemps sur les faluns de la Gironde. Cette espèce appartient au groupe de *N. turbinellus* Brocchi sp. (*Buccinum*); mais elle s'en distingue par sa spire moins allongée et son dernier tour relativement plus grand et plus globuleux, par sa taille moindre et par l'absence, sur la partie postérieure de chacun de ses tours, de l'espèce de carène subépineuse qui se voit sur les tours de *N. turbinellus*.

Nous aurions décrit et fait figurer cette espèce, si nous pouvions affirmer d'une manière absolue l'identité de l'unique échantillon recueilli à Salies avec l'espèce du département de la

Gironde. Comme il est en mauvais état, nous nous abstenons, bien que cette identité soit pour nous presque hors de doute.

Salies R.R.R.

Nassa subobesa Nobis.

Caractères : Distinguunt hanc formam a *N. obesa* Bellardi, sequentes notæ : *testa minor; costæ longitudinales angustiores, numerosiores, interdum in ventrale ultimi anfractus parte evanescentes.*

Long. 11 mill. — Lat. 6 mill.

Cette espèce est très voisine de *N. obesa* Bellardi (*Loc. cit.*, Part. III. p. 94, pl. VI, fig. 8 *a b*) du Miocène moyen d'Italie. Elle en diffère par sa taille de beaucoup moindre, et par ses côtes longitudinales plus étroites, plus nombreuses, parfois à peine indiquées sur la partie ventrale ou dorsale du dernier tour. Tous les autres caractères donnés dans la description de *N. obesa* par Bellardi se retrouvent dans notre espèce, que nous ne jugeons pas utile de faire figurer, parce qu'elle peut se reconnaître aisément avec les indications ci-dessus mentionnées.

Salies R.R. — Paren R.R.

Nassa sp. ?

Un seul exemplaire, non entier, d'une espèce ne ressemblant à aucune de celles que nous connaissons, à spire très courte, à dernier tour très globuleux, recouvrant presque la spire entière, à columelle très réfléchie sur la partie ventrale du dernier tour.

Long. 11 mill. — Lat. 8 mill.

Salies R.R.R.

Nassa Dujardini Deshayes.

Paren R.R.

Nassa Bouillei Nobis.

Cette espèce est décrite et figurée dans la « *Paléontologie de Biarritz*, page 14, pl. I, fig. 9 » sous le nom de *N. Dujardini* var. g. En parlant de cette dernière espèce, à laquelle il restitue le nom plus ancien de *N. coarctata* Eichw., M. Bellardi dit (*Loc. cit., parte III, page* 29), que l'espèce de Salies, décrite et figurée par MM. Tournouër et de Bouillé, est certainement une espèce différente. Comme elle n'existe pas dans le Piémont, il ne lui a pas donné de nom.

Il est certain, en effet, que l'espèce de Salies ne ressemble que fort peu aux figures par lesquelles, sous des noms divers, la *N. Dujardini* a été décrite et représentée (*Buccinum callosum* Duj., *Mém. géol. Tour.*, pl. XX, fig. 5 et 7; *Nassa Dujardini*, Michelotti, *Foss. Mioc.* pl. XII, fig. 5; *Buccinum Dujardini* Da Costa, *Gast. terc. Portugal*, pl. XV, fig. 7).

Par suite, il paraît opportun de donner un nom à cette espèce que nous nous refusons, malgré la grande autorité de Tournouër, à regarder comme une simple variété de *N. Dujardini*, quel que soit le polymorphisme de cette espèce; il faut aussi la décrire à nouveau, la description de MM. Tournouër et de Bouillé étant très incomplète. Nous la dédions à M. le comte de Bouillé dont les nombreuses et patientes recherches ont tant contribué à faire connaître les fossiles de Salies-de-Béarn dont il a le premier exploré le gisement.

Il ne sera d'ailleurs pas nécessaire de figurer à nouveau cette espèce qui est bien représentée par la fig. 9 de la planche I de la « *Paléontologie de Biarritz* ».

CARACTÈRES : *Testa non crassa, sublaevis, conica; spira longa, plus minusve acuta; anfractus 7-8 convexi, interdum vix convexiusculi; ultimus 1/2 totius longitudinis subæquans, magis convexus quam ceteri, antice ad regionem umbilicalem depressus; in duobus primis anfractibus, post nucleum embryonalem, 12-13 costulæ longitudinales, rectæ, axi testæ obliquæ, et 5-6 striæ lineares transversæ, costulas longitudinales intersecantes; ceteri anfractus ecostati, transversim a sulcis (5-6) antice parum postice magis profundis ornati; superficies ultimi anfractus tum tota vel tantum in antica aut postica parte transversim sulcata; sulci a plicis crescentibus et ad basim eminentioribus separati; sutura regularis, satis profunda; os ovale-rotundatum, postice leviter angustatum, antice dilatatum; labrum sinistrum interius pluri-plicatum, exterius incrassatum, variciforme; labrum dexterum in regionem umbilicalem et praesertim in ventralem ultimi anfractus partem productum, laeve aut interdum antice uniplicatum vel pluri-plicatum; columella brevis, in mediana parte arcuata; canalis satis latus, brevis, postice et oblique reflexus, a labiis tenuibus et longiusculis circumscriptus.*

Long. 15-16 mill. — Lat. 8 mill.

Coquille mince, brillante, conique; spire allongée, plus ou moins aiguë, suivant les individus; tours (7-8) légèrement convexes, parfois presque plats, le dernier égalant à peu près la moitié de la longueur de la spire, plus convexe que les autres, déprimé en avant vers la région ombilicale; sur les deux premiers tours, après le nucléus embryonnaire, 12 ou 13 petites côtes longitudinales, droites, un peu obliques par rapport à la spire, séparées par des intervalles égaux à leur largeur; sur ces mêmes tours, stries transverses (5-6) découpant légèrement les côtes longitudinales; les autres tours dépourvus complètement de côtes longitudinales, mais traversés spiralement par 5-6 sillons peu profonds en avant et plus accentués en arrière, surtout les deux derniers; dernier tour complètement couvert de sillons spiraux, excepté parfois sur la partie médiane, où ils sont à peine tracés, et portant en avant des plis transverses de plus en plus saillants et élevés jusqu'à la base; suture droite, régulière, assez profonde; bouche ovale-arrondie, un peu comprimée en arrière, légèrement dilatée en avant; labre gauche très régulièrement arrondi, épaissi extérieurement en un large bourrelet saillant, plissé finement à l'intérieur; labre droit réfléchi sur la région ombilicale et bien davantage en arrière sur la partie ventrale du dernier tour, lisse ou plissé en avant; columelle courte, creusée dans sa partie médiane; canal assez large, court, réfléchi obliquement en arrière, bordé par des lèvres un peu longues, minces.

Salies C. — Paren C. — Sallespisse C.

Nassa lacryma Bellardi.

Cette espèce correspond parfaitement à la description et à la figure donnée par Bellardi (*loc. citat.*, Part. III, p. 31, Pl. II, fig. 3), à cette exception près que, dans l'espèce de Salies, le labre est quelquefois lisse, tandis qu'il est toujours plissé intérieurement dans l'espèce d'Italie.

Paren C.C. — Sallespisse R.R.R. — Salies R.R.R.

C'est cette espèce que notre collègue Balguerie (*loc. citat.*) a dû mentionner sous le nom de *Eione gibbosula* Linné, qu'il dit être commune (C.C.) au Paren. Nous n'avons pas rencontré un seul exemplaire de cette forme, tandis que *N. lacryma* est réellement commun au Paren. — Dans *E. gibbosula*, la callosité columellaire s'étend sur toute la surface ventrale du dernier tour, tandis que, dans la forme du Paren, cette callosité, rétrécie dans sa partie médiane, ne s'étend que faiblement en arrière et vers la région ombilicale.

Nassa sp. ?

Jolie espèce que nous n'avons pu identifier avec aucune de celles que nous connaissons ; à surface lisse et brillante ; à spire conique un peu renflée du milieu ; à tours légèrement convexes, portant en arrière deux sillons transverses, dont le plus rapproché de la suture est le plus accentué ; à sutures presque linéaires ; à columelle lisse, peu réfléchie ; à labre denticulé.

Long. 15-16 mill. — Lat. 9 mil.

Salies R.R.R.

Nassa semistriata Brocchi sp. (*Buccinum*) var. *vasca* Tournouër.

Nous conservons à cette espèce le nom qui lui a été donné dans la *Paléontologie de Biarritz* (page 14, pl. I, fig. 8) par MM. Tournouër et de Bouillé, estimant, malgré la grande autorité de Bellardi, qu'il y a lieu de le lui maintenir.

M. Bellardi (*loc. cit.*, p. 131) fait figurer cette espèce dans la synonymie de *N. Badensis* Partsch, assimilant ainsi l'espèce de Salies-de-Béarn à celle du bassin de Vienne. Or, il suffit de comparer des exemplaires de *N. Badensis* de Baden (Autriche), parfaitement conformes, d'ailleurs, à la description et à la figure que M. Bellardi donne de l'espèce (Planche VIII, fig. 17, *a b*), pour demeurer convaincu que les deux espèces sont complètement distinctes. Dans le *N. Badensis*, la taille est sensiblement plus grande, la convexité des tours bien plus prononcée, le dernier tour plus globuleux et plus grand ; la bouche est aussi plus grande ; les plis internes du labre sont plus menus et plus nombreux. Enfin, dans la coquille de Salies-de-Béarn, le bord droit est fortement réfléchi et étendu en arrière, sur la partie ventrale du dernier tour, comme dans le *N. semistriata* type, tandis que, dans le *N. Badensis*, cette partie réfléchie ne dépasse pas les limites de l'ouverture.

Sans doute, il existe quelques légères différences entre *N. semistriata* type et la forme de Salies. Ainsi la bouche de *N. semistriata* type est plus allongée et moins orbiculaire, son dernier tour est relativement un peu plus grand ; enfin la coquille de Salies porte un plus grand nombre de sillons transverses. Mais, à part ces détails, les autres caractères sont les mêmes. Aussi, tout en estimant que l'espèce de Salies n'est pas le *N. Badensis* Partsch, et qu'elle diffère un peu de *N. semistriata* type, nous pensons qu'il faut lui conserver ce dernier nom.

Salies R.R. — Paren (*fide* Benoist) R.R.

Nassa sp. ?

Espèce du groupe de *N. tersa* Bellardi, ayant des affinités avec *N. Atlantica* Mayer, *N. Pyrenaica* Fontannes et *N. subecostata* Bellardi. N'ayant pas sous les yeux des types de ces diverses espèces, nous n'osons rapporter cette forme à aucune d'elles ; nous nous bornons à constater ses affinités.

Paren R.R. — Sallespisse R.R.R. — Salies R.R.

Nassa oblonga Sassi.

Salies R.R.R.

Nassa sublævigata Bellardi.

Salies R.R.R.

Nassa (S. genre *Zeuxis*) verrucosa Brocchi sp. (*Buccinum*), variété.

Paren C.C. — Sallespisse R.

Cette espèce présente les plus grandes analogies avec l'espèce de Brocchi. Elle est aussi conforme à la figure qui en est donnée par Bellardi (*loc. cit.* pl. VII, fig. 18 *a*). Deux légères différences sont cependant à signaler. D'après la description de l'espèce et de ses variétés par Bellardi, on voit que cette forme polymorphe offre 15 ou 12 ou 22 côtes longitudinales ; notre espèce n'en a que 10 ou 11. Et, de plus, elles paraissent être un peu moins sinueuses sur le dernier tour que dans la forme type.

Néanmoins, nous pensons que nous sommes certainement en présence d'une forme constituant au moins une variété de l'espèce de Brocchi sinon cette espèce elle-même.

Nassa (*Zeuxis*) sp. ?

Espèce très voisine de la précédente, mais cependant bien distincte et que nous n'avons pu identifier avec aucune autre. De même taille que *N. verrucosa*, mais à côtes longitudinales moins obtuses ; à côtes transverses plus étroites et plus saillantes ; à tours plus convexes et sutures plus profondes ; à columelle réfléchie sur la partie ventrale du dernier tour et entièrement plissée. Elle rappelle par son ornementation *N. serraticosta* Bronn, mais la spire est moins allongée, plus globuleuse. C'est certainement une espèce nouvelle qui mériterait d'être figurée et décrite.

Paren C. — Sallespisse R.R. — Salies C.

M. Balguerie (*loc. cit.*) a mentionné au Paren la présence de *N. incrassata* Müller, qu'il dit y être commun. C'est certainement une erreur. Il a donné ce nom à l'une des formes que nous avons précédemment énumérées, probablement à celle que nous avons décrite sous le nom de *N. punctifera*.

Nassa (*Zeuxis*) *Pereiræ?* Bellardi.

Cette espèce appartient au groupe de *N. tomentosa* Doderlein. Elle diffère de cette forme par ses côtes longitudinales moins nombreuses (10 au lieu de 14), moins élevées, séparées par des intervalles plus larges. Nous l'identifions avec l'espèce de Bellardi qui fait partie du même groupe, mais avec un point de doute, n'ayant pu la comparer à des exemplaires de cette petite espèce.

Salies-de-Béarn C.C.

Nassa (*Zeuxis*) **Fontannesi?** Bellardi.

Cette espèce appartient au groupe de *N. Catulli* Bellardi ; mais elle diffère de cette forme type par ses côtes longitudinales obliques, non droites et moins nombreuses (8-9 au lieu de 12). Parmi les formes de ce groupe, c'est avec *N. Fontannesi* qu'elle a le plus de rapports. Aussi la donnons-nous sous ce nom, mais avec un point de doute.

Salies R.R.

Nassa (*Zeuxis*) **minuta** Nobis (Pl. VIII, fig. 6-6 *a*).

Caractères : *Testa minima, crassiuscula; spira angusta, elongatissima; anfractus 6 convexi, ultimus antice valde depressus, 1/3 totius longitudinis subæquans; costæ longitudinales 10-12, interdum varicosæ in penultimo anfractu, rectæ in primis anfractibus, leviter obliquæ et sinuosae in ultimis, compressæ, angustæ, prominentes, irregulares, ab interstitiis magis ac magis latis separatæ;*

sulci lineares transversi, super costas longitudinales decurrentes, 4 in primis anfractibus, 7-8 in ultimo, omnes in antica parte anfractuum, pars postica lævis; sutura sinuosa, satis profunda; os minimum, suborbiculare, obliquum; labrum sinistrum arcuatum, crassiusculum, exterius varicosum, interius pluri-plicatum; labrum dexterum non ultra os productum; columella parum arcuata, lævis, postice uni-plicata; canalis satis latus, brevis, a labiis crassis, curtis circumscriptus, postice leviter reflexus.

Long. 6 mill. — Lat. 2 mill. 1/2.

Coquille très petite, assez épaisse; spire étroite, très allongée; tours (6) assez convexes, le dernier très déprimé en avant, n'égalant pas 1/3 de la longueur de la spire; côtes longitudinales (10-12), l'une variqueuse sur l'avant-dernier tour, droites sur les premiers tours, un peu obliques, subsinueuses sur les deux derniers, comprimées, minces, très saillantes, un peu irrégulièrement placées, séparées par des intervalles égaux à leur largeur et devenant de plus en plus larges, traversées ainsi que les intervalles qui les séparent, par de petits sillons linéaires, réguliers (4 sur les premiers tours, 7-8 sur le dernier), placés sur la moitié antérieure de chaque tour, la partie portérieure restant lisse; suture sinueuse et assez profonde; bouche ovale-orbiculaire, très petite, oblique; labre gauche arrondi, assez épais, portant extérieurement un fort bourrelet et intérieurement 5 ou 6 plis assez rapprochés; labre droit ne dépassant pas l'ouverture; columelle arrondie, peu creusée, lisse, portant une petite dent en arrière; canal assez large, court, bordé de lèvres épaisses, courtes, un peu réfléchi en arrière.

Sallespisse R.R.R. — Salies R.R.

Dorsanum æquistriatum G. Dollfus (*Bull. soc. de Borda,* 1889, 3ᵉ trim., p. 2]9).

Cette espèce, qui se trouve aussi à Largileyre (commune de Salles, Gironde), dans l'Helvétien, avait été identifiée par notre collègue Benoist, à *D. dubium* Da Costa sp. (*Buccinum*) et par Bellardi, à qui les exemplaires de Largileyre avaient été communiqués, à son *Nassa Sotterii.*

M. Dollfus, en décrivant (*loc. cit.*) quelques coquilles nouvelles ou mal connues du terrain tertiaire du Sud-Ouest, a indiqué très exactement les caractères qui distinguent notre espèce de celle de Da Costa. Il a eu raison de la présenter comme nouvelle. Quant à l'identification de Bellardi, elle ne saurait prévaloir : en effet, le *D. æquistriatum* diffère à première vue de *N. Sotterii*. En comparant les figures des deux espèces, on s'en convaincra sans peine.

Tournouër (*loc. cit.*) mentionne cette espèce sous le nom de *Nassa Deshayesi* Mayer. On ne saurait cependant la confondre avec cette forme qui est bien différente. Le *Dorsanum Deshayesi* Mayer n'est pas strié sur toute sa surface comme *D. æquistriatum*.

Salies C.C.C. — Paren C.C.C. — Sallespisse C.C.

COLUMBELLIDÆ.

Columbella (S. g. *Mitrella?*) **turonica** Mayer.

Paren C.C. — Sallespisse R.R. — Salies C.

Columbella (S. g. *Mitrella*) **scripta** Bellardi.

Paren R.R.R. — Salies R.R.

Columbella (S. g. *Atilia*) **Souarsensis** Nobis (Pl. IX. fig. 6).

CARACTÈRES : *Testa turriculata, crassa, lævis; spira exilissima ad apicem, largior in ultimis anfractibus; anfractus 8 ad apicem complanati, dein subconvexi, postice depressi, contra suturam posticam subcanaliculati, ultimus 1/2 totius longitudinis non æquans, antice valde depressus, spiraliter plicatus; plicæ 12-13 crescentes ad basim, postice evanescentes; apertura subtrapezoïdalis, antice attenuata, postice dilatata, in canalem angustum, longiusculum, reflexum terminata; labrum sinistrum exterius valde incrassatum, interius pluri-plicatum; labrum dexterum paulum elevatum; columella lævis.*

Long. 15-16 mill. — Lat. 7 mill.

Coquille turriculée, solide, lisse; spire très aiguë vers le sommet, s'élargissant dans les derniers tours; tours (8), les premiers plats, les derniers légèrement convexes, déprimés en arrière, subcanaliculés près de la suture, le dernier plus court que la spire, très déprimé en avant, portant 12-13 plis spiraux à peine visibles sur les parties dorsale et ventrale et de plus en plus accentués vers la base; ouverture subtrapézoïdale, terminée par un canal étroit, assez long, infléchi en arrière: labre gauche muni d'un fort bourrelet, plissé en travers, et portant intérieurement des denticulations ou plis en nombre variable; labre droit légèrement élevé au-dessus de la columelle; columelle lisse.

Paren C.C.C. — Sallespisse C.C.

Cette espèce se rapproche beaucoup de celle qui est décrite et figurée par Da Costa (*Gaster. terc. Portugal*, page 71, pl. XIV, fig. 1 *a, b*) sous le nom de *C. Borsoni?* Bell., mais elle en diffère, du moins d'après la figure citée, par son dernier tour plus déprimé en avant, par la forme de son ouverture plus trapézoïdale, par l'épaississement beaucoup plus grand de son labre gauche à l'extérieur, par son canal terminal plus long, par l'absence de denticulations sur la columelle. C'est cette espèce nouvelle que M. Balguerie (*loc. cit.*) a mentionnée au Paren sous le nom de *C. curta* Bell. dont elle est fort différente.

Columbella (*Anachis*) **corrugata** Bonelli.

Paren R. — Sallespisse R. — Salies C.C.C.

Columbella (*Anachis*) sp. ?

Espèce très voisine de *C. corrugata*, de même taille, peut-être une simple variété de cette forme, portant des plis transverses plus régulièrement accentués sur toute sa surface.

Salies R.R R.

Columbella Degrangei Dollfus et Dautzemberg (in *Etude préliminaire des coq. foss. Touraine*, Feuille des jeunes naturalistes).

Ayant communiqué à M. Dollfus les fossiles de Touraine de notre collection, il a reconnu, parmi les *Columbella* que contenait notre envoi, une espèce nouvelle qu'il nous a dédiée. En comparant l'espèce de Salies-de-Béarn à celle de Touraine, nous constatons leur identité. Les exemplaires de Salies-de-Béarn sont seulement un peu plus grands que ceux de la Touraine. Ne sachant pas si l'espèce de Touraine a été décrite et figurée, nous indiquons les caractères auxquels on pourra reconnaître l'espèce.

CARACTÈRES : *Testa parvula, solida; spira elongata; anfractus 7-8 complanati, ultimus 1/2 totius longitudinis non æquans, antice valde depressus, in canalem angustum, valde recurvum terminatus; costulæ longitudinales 14-15 crassiusculæ; plicæ transversæ*

2-3 *in primis anfractibus*, 7 *in ultimo, prima ad suturam posticam
incrassata, omnes super costulas longitudinales decurrentes et ad
intersectionem nodosæ; apertura elongata, subtriangularis;
labrum sinistrum exterius incrassatum, interius tri-plicatum vel
quadri-plicatum in mediana parte; columella antice tridenticulata.*
Long. 9 mill. — Lat. 4 mill.

Coquille très petite, solide; spire allongée; tours 7-8 plats, le
dernier n'égalant pas 1/2 de la longueur totale, très déprimé en
avant, terminé par un canal relativement assez long, étroit,
infléchi assez fortement en arrière; côtes longitudinales 14-15
assez fortes; 3 plis transverses sur chaque tour, 7 sur le dernier,
le premier vers la suture postérieure plus fort, formant une sorte
de bourrelet, tous passant sur les côtes longitudinales et formant
une sorte de nodosité, aux points d'intersection; ouverture
allongée, subtriangulaire; labre gauche épaissi extérieurement,
portant intérieurement et à la partie moyenne, 3 ou 4 plis; columelle portant 3 dents en avant.

Salies R.R.

MURICIDAE.

Typhis fistulosus Brocchi ? (*fide* Benoist).
Paren R.R.R.

Murex (*Pteronotus*) **Grateloupi** d'Orbigny.
Salies R.R.R.

Murex (*Pteronotus*) **graniferus** Michelotti.
Salies R.R.R.

Murex (*Pteronotus*) **Sowerbyi** Michelotti (*fide* Benoist).
Paren R.R.R.

Murex (*Chicoreus*) **Vindobonensis** Hörnes.
Variété se rapprochant beaucoup de celle figurée dans les
Mollusques foss. du Mont Lèberon, pl. XVI, fig. 9 et 10.
Salies R.R.R.

Murex (*Rhynocantha*) **torularius** Lamarck (*fide* Benoist). Collection Balguerie.
Paren R.R.R.

Murex (*Muricidæa*) **absonus** ? Jan.
Paren R.R.R. — Un individu très jeune.

Ocinebra Lassaignei? Basterot sp. (*Purpura*).
Paren R.R.R. — Un individu très jeune.

Ocinebra striæformis? Michelotti sp. (*Murex*).
Paren R.R.R.

Ocinebra polymorphus ? Brocchi sp. (*Murex*).
Paren R.R.R. — Salies R.R.R. — Individus jeunes.

Ocinebra sublavatus Hörnes sp. (*Murex*).
Paren C.C. — Sallespisse C.

Ocinebra coloratus Nobis. (Pl. VIII, fig. 11).

CARACTÈRES : *Testa crassissima, subgibbosa, trigona, ovato-ventricosa; spira brevissima; ultimus anfractus peramplus, ad suturam posticam depressus; varices longitudinales tres, obtusæ, continuæ; in interstitiis varicium, variculæ obtusæ; in ultimo anfractu 10-11 funiculares plicæ, inter se parum distantes, rubricatæ; sutura superficialis, sinuosa; apertura ovalis, elongata, antice leviter attenuata, postice subcanaliculata, antice in canalem brevem, clausum terminata; labrum sinistrum crassum, denticulatum; columella recta, lævis, postice arcuata; umbilicus parum profundus, squammosus.*

Long. 25 mill. — Lat. 15 mill.

Coquille très épaisse, subgibbeuse, trigone, ovale-ventrue; spire très courte; dernier tour très grand, déprimé vers la suture postérieure; trois varices longitudinales, obtuses, continues, séparées par une petite varice intermédiaire, obtuse; plis spiraux funiculaires (10 sur le dernier tour), conservant un reste de coloration en rouge; suture superficielle, sinueuse; ouverture ovale-allongée, un peu rétrécie en avant, subcanaliculée en arrière, terminée en avant par un canal court, fermé; labre épais, denticulé; columelle droite, lisse, creusée en arrière; ombilic peu profond, lamelleux.

Paren R.R.R. — Salies R.R.R.

Ocinebra sp. ?

Petite espèce, à spire assez allongée, rappelant *O. Basteroti* Benoist, des environs de Bordeaux.
Paren R.R.R. — Sallespisse R.R.R. — Salies R.R.R.

Ocinebra sp.?

Autre petite espèce, du même groupe que la précédente, que nous n'avons pu identifier avec aucune autre.

Paren R.R.R. — Salies R.R.R.

Ocinebra (S. g. *Hadriania*) **craticulata?** Linné.

Sallespisse R.R.R. — Salies R.R.R.

Ces dernières formes sont, en général, dans les exemplaires que nous possédons, peu accentuées, elles ne sont pas complètement adultes. Il est donc fort difficile de les déterminer d'une manière absolument précise.

Ocinebra (S. g. *Vitularia*) **lingua-bovis** Basterot sp. (*Murex*)
Salies R.R.R.

Pseudomurex Sallespissensis Nobis (Pl. VIII, fig. 13).

Caractères : *Testa non crassa, ovato-ventricosa ; spira ad apicem acutissima ; anfractus 7 convexi, ultimus magnus, 2/3 totius longitudinis æquans; costæ longitudinales 8-9, regulares, obtusæ, obliquæ; plicæ spirales regulares, super costas longitudinales decurrentes, a sulcis sublamellosis separatæ ; interdum in mediana parte sulcorum parvula plica, in mediana parte anfractuum 1 vel 2 plicæ magis elevatæ quam ceteræ ; sutura satis profunda, subsinuosa, regularis; apertura subcircularis, antice elongata, in canalem angustum, longum, exterius reflexum terminata ; labrum pluri-plicatum ; columella arcuata, ad canalem obtuse uniplicata ; umbilicus elongatus, angustus.*

Long. 18 mill. — Lat. 11 mill.

Coquille assez mince, ovale-ventrue ; spire aiguë au sommet, croissant régulièrement ; tours 7 arrondis, le dernier très grand, égalant les 2/3 de la longueur totale : côtes longitudinales 8-9, régulières, obtuses, obliques, séparées par des intervalles égaux à leur largeur ; plis spiraux réguliers passant par dessus les côtes longitudinales, séparés par des sillons sublamelleux, au milieu desquels se trouve parfois un pli plus faible ; les deux plis du milieu de chaque tour plus forts et plus élevés que les autres; suture assez profonde, subsinueuse, régulière ; ouverture subcirculaire, allongée en avant, terminée par un canal étroit, assez long, infléchi en dehors ; labre plissé ; columelle creusée en arrière, portant, près du canal, une sorte de pli obtus; ombilic allongé, étroit.

Sallespisse R.R.R.

Purpura (S. g. *Cuma*) **exilis?** Partsch.

Variété citée par MM. Tournouër et de Bouillé (in *Paléont. de Biarritz*, p. 13).

Individus très roulés, ce qui nous fait accompagner d'un point de doute la détermination de cette espèce.

Paren R.R.R. — Salies R.R.R.

Purpura (S. g. *Cuma*) **Bouilleana** Tournouër (*loc. cit.*).

Paren R.R.R.

Purpura Salinensis Tournouër (*loc. cit.*).

Paren R. — Salies R.R.R.

Purpura (S. g. ?).

Petite espèce rappelant *P. elata* Blainville (in Hörnes).

Paren R.R.R.

Purpura (S. g.?).

Autre petite espèce, de même taille que la précédente, et aussi difficile à déterminer exactement.

Salies R.R.

Achantina Benoisti Nobis (Pl. VIII, fig. 12).

CARACTÈRES : *Testa crassa, subovata ; spira brevissima ; anfractus primi in mediana parte et ultimus in postica parte anguloso-carinati ; ultimus anfractus peramplus, super spiram fere totam productus ; superficies spiraliter costulato-sulcata, fere cancellata, longitudinaliter costata ; costulæ spirales inæquales, nonnullæ (4 in ultimo anfractu) majores, minoribus intermixtæ, longitudinaliter a sulcis indistincte subsquammosis separatæ ; costæ longitudinales (8-9 in ultimo anfractu) a plicis transversis interruptæ, in intersectione costarum transversarum nodosæ ; apertura per ampla, fere semi-circularis, antice paulo angustata ; labrum elongato-rotundatum, subdigitatum, ad marginem interius crenulatum ; dens anticus brevis ; columella fere recta, lata, callosa ; umbilicus clausus.*

Long. 26 mill. — Lat. 16 mill.

Coquille épaisse, oviforme; spire très courte; premiers tours carénés dans leur partie médiane et le dernier vers la partie postérieure; dernier tour très grand, recouvrant presque toute la spire; superficie costulée et sillonnée longitudinalement et spiralement, presque cancellée; côtes spirales inégales, quelques-unes (4 sur le dernier tour) plus grandes, les autres beaucoup plus petites, séparées par des sillons dont la superficie est occupée par des lamelles longitudinales indistinctes; côtes longitudinales (8-9 sur le dernier tour) interrompues par les plis spiraux, noduleuses à l'intersection de ces plis; ouverture très grande, ayant presque la forme d'un demi-cercle allongé, un peu rétrécie en avant; labre arrondi, subdigité, intérieurement denticulé près du bord; dent antérieure courte; columelle presque droite, calleuse, large; ombilic fermé.

Paren R.R. — Salies R.R.

Dans la « *Paléont. de Biarritz* », page 13, MM. Tournouër et de Bouillé décrivent un *Monoceros* auquel ils donnent le nom de *M. novus* et font remarquer avec raison que cette espèce est la première du genre qui ait été signalée dans le Miocène du Sud-Ouest. Mais leur description est excessivement laconique et n'est accompagnée d'aucune figure, de telle sorte qu'il nous est impossible d'identifier notre espèce avec la leur, quelles que soient les probabilités pour qu'il n'y ait là qu'une seule et même espèce.

C'est avec plaisir que nous donnons à cette forme le nom de M. Benoist qui nous a tant aidé dans la préparation de ce travail.

TRITONIDÆ.

Triton affine Deshayes.
Paren R.R. — Salies R.R.

Ranella marginata Brocchi sp. (*Buccinum marginatum*).
Salies R.R.R.

CASSIDIDÆ.

Cassis crumena Lamk.
Salies R.R.R.

Cassis (S. g. *Semicassis*) **saburon** Lamarck.
Paren R. — Salies C.

Cassis variabilis Bellardi ? (*fide* Benoist).
Paren R.R.

DOLIIDÆ.

Pirula Sallomacensis Mayer sp. (*Ficula*).
Paren R.R. — Sallespisse R.R. — Salies C.

Dans la « *Paléontologie de Biarritz* », MM. Tournouër et de Bouillé signalent la présence à Salies, mais avec un point de doute, de *Ficula intermedia* Sism. « Cette forme, disent-ils, est intermédiaire entre le type de la *F. condita* et celui de la *F. clathrata*; elle est difficile à identifier avec aucune des espèces de Salles et de Saubrigues. »

Au Paren, à Sallespisse et à Salies surtout, nous avons retrouvé assez abondamment cette forme qui nous paraît être la même que celle de Salles, dans la Gironde. Nous n'hésitons pas à l'identifier avec l'espèce de Mayer, ayant pu la comparer en nombreux exemplaires.

CYPRÆIDÆ.

Ovula (S. g. *Neosimnia*) **spelta** Linné sp. (*Bulla*).
Paren R.R.R.

Cypræa (S. g. *Aricia*) **amygdalum ?** Brocchi.
Salies R.R.R.

Cypræa (S. g. *Aricia*) **pyrum** Gmelin (*fide* Tournouër).
Salies R.R.R.

Cypræa (S. genre *Aricia*) sp. ?

Forme voisine de *C. sanguinolenta* Gmelin (in Hörnes, Pl. VIII, fig. 9-12), à bord gauche très finement denticulé, à bord droit presque lisse, portant en avant seulement quelques petits plis dentiformes.
Salies R.R.R.

Cypræa (S. g. *Trivia*) **Michelottii** Dollfus et Dautzemberg (*C. affinis* Dujardin, pars.).
Paren R.R. — Salies R.R.R.

Cypræa (S. g. *Trivia*) **pediculus** Lamarck.
Paren C. — Salies R.R.

Cypræa (S. g. *Trivia*) sp. ?

Très petite espèce portant sur le dos de gros plis non interrompus dans la partie médiane et partant d'égale grosseur. Serait-ce cette espèce ou l'une des précédentes que M. Balguerie (*loc. cit.*) mentionne au Paren sous le nom de *Trivia Europæa* Montfort ?

Salies R.R.R.

Erato lævis Donovan sp. (*Voluta*).

Paren C.C. — Salies C.C.

Erato Maugeriæ Gray in Wood.

Paren R.R. — Sallespisse R.R. — Salies C.

STROMBIDÆ.

Strombus coronatus Defrance. Un fragment.

Salies R.R.R.

CERITHIIDÆ.

Triforis (*Monophorus*) **perversus** Linné.

Salies R.R.R.

Triforis papaveraceus Benoist.

Espèce à spire très légèrement convexe; tours plats, le dernier arrondi en avant; sur chaque tour, deux rangs de tubercules arrondis séparés par une rangée de tubercules allongés, obtus, plus petits.

L'espèce décrite par M. Benoist porte trois rangs de tubercules égaux; celle de Salies, à ce point de vue, présente une légère différence. Néanmoins, nous pensons qu'il n'y a là qu'une seule et même espèce

Salies R.R.R.

Cerithium vulgatum Bruguières.

Cette espèce, dans les gisements que nous étudions, présente un polymorphisme remarquable. Nous pouvons y constater, jusques à 4 variétés bien caractérisées, sans y trouver cependant la forme type. Ce sont les suivantes :

Variété A. — *Salinensis* Tournouër (in *Paléont. de Biarritz*,

p. 10, pl. I, fig. 3 et 3 *a*), à spire courte, gibbeuse, portant de forts tubercules irréguliers.

Salies R. — Paren R.

Variété B. — Également mentionnée par Tournouër (*loc. cit.*), petite, peu ornée, peu épineuse.

Salies C. — Paren C.C.

Variété C. — Encore aperçue par Tournouër (*loc. cit.*), longue et étroite.

Salies R.R. — Paren R.R.R.

Variété D. — Assez rapprochée du type, mais de très petite taille.

Paren R.R. — Sallespisse R.R.

Cerithium Bronni Partsch.

Salies R.R.R.

Cerithium (S. g. *Cinctella*) **trilineatum** Philippi.

Sallespisse R.R.R.

Cerithium (S. g. ?) **bilineatum** Hörnes.

Salies R.R.R.

Bittium scabrum Olivi sp. (*Cerithium*).

Paren C. — Sallespisse C. — Salies C.

Bittium spina Partsh sp. (*Cerithium*).

Paren C. — Sallespisse R. — Salies R.

Bittium sp. ?

Petite espèce, à tours très anguleux, à côtes longitudinales épineuses, à suture très profonde.

Salies R.R.

Potamides pictus Basterot sp. (*Cerithium*), variété presque lisse, à deux ou trois rangs de tubercules très peu saillants.
Paren C.C.C. — Sallespisse R.

Potamides (*Pyrazus*) **bidentatus** Grateloup (*fide* Balguerie).
Paren C.

Potamides (S. g. *Tympanotomus*) **papaveraceus** Basterot sp. (*Cerithium*).
Paren R.R. — Salies R.R.

Potamides Tournoueri ? Mayer.
Houssé R.R.

Potamides (S. g. *Tympanotomus ?*) sp. ? — Exemplaire unique, non adulte, du groupe du *P. Girondicus* Mayer (*Cerithium*), à 4 rangs de tubercules sur chaque tour.
Salies R.R.R.

Potamides (S. g.?) sp.? Espèce du groupe du *P. margaritaceus* Brocchi (*Murex*). — Exemplaires non adultes.
Paren R.

Potamides (S. g.?) sp.?

Caractères : Petite espèce à tours (8) bien détachés, légèrement convexes, subanguleux en avant, ornés de côtes tuberculeuses allongées axialement, mais s'arrêtant avant la suture postérieure qui est bordée d'une sorte de petit bourrelet plat.
Paren R. — Salies R.R.R.

VERMETIDÆ.

Vermetus intortus Lamarck.
Paren C.C. — Sallespisse R. — Salies C.C.

Vermetus (*Lementina*) **arenarius** Linné sp. (*Serpula*).
Paren C.C. — Salies C.

Vermetus sp.?
Espèce à trois carènes un peu noduleuses.
Paren R.R.

Vermetus (*Vermiculus*) **carinatus** Hörnes.
Paren R.R.R. — Salies R.R.R.

TURRITELLIDÆ.

Turritella turris Basterot, var. (*fide* Tournouër).
Salies R.R.

Turritella subarchimedis d'Orbigny (*fide* G. Dollfus).
Salies R.R.

Turritella bicarinata Eichwald.
Paren C.C.C. — Sallespisse C.C. — Salies C.C.C.
Salies R.R.

Turritella Orthezensis Tournouër.
Paren C.C. — Sallespisse R.R. — Salies R.

Turritella sp. ?

CARACTÈRES : Espèce à spire très aiguë du sommet; à tours plats, ornés de 6-7 côtes spirales saillantes, rapprochées en arrière, les deux dernières de chaque tour plus espacées et plus fortes : suture peu profonde, mais bien nette.

Sallespisse R.R.R.

Turritella sp. ?

Sallespisse R.R.

CÆCIDÆ.

Cæcum sp. ?

CARACTÈRES : Petite espèce cylindrique, arquée, brillante, épaisse, à stries d'accroissement assez marquées, à bouche ronde sans bourrelet, terminée par une calotte conique peu saillante.

Salies R.R.R.

PSEUDOMELANIIDÆ.

Pseudomelania perpusilla Grateloup sp. (*Rissoa*).

Paren R.R. — Sallespisse R.R. — Salies R.R.R.

MELANIIDÆ.

Melanopsis Aquensis Grateloup.

Paren C.C. — Salies R.R.R.

LITTORINIDÆ.

Littorina Balgueriei Nobis (Pl. IX, fig. 14-14 *a*).

CARACTÈRES : *Testa conica, angustissime perforata; apex acutus; anfractus subplanati, ultimus permagnus, antice subcarinatus et valde depressus; superficies tota sulcis transversis angustissimis, æqualibus, et flammulis rubescentibus ornata; apertura ovato-rotundata, postice angustata; labrum acutum, intus læve; columella lata, lævis, extus reflexa; umbilicus minimus, obtectus.*

Long. 9 mill. — Lat. 5 mill.

Coquille conique, à sommet aigu; tours presque plats. le dernier très grand, subcaréné dans sa partie médiane et très déprimé en avant; surface entièrement ornée de petits sillons tranverses, très étroits, égaux, et de petites flammes colorées en rouge brun, placées obliquement, sinueuses, présentant des parties plus larges, d'autres plus étroites, s'anastomosant; ouverture ovale-arrondie, rétrécie en arrière, élargie en avant; labre aigu, lisse en dedans; columelle large, lisse, plate, brillante, réfléchie en dehors; ombilic très petit, presque fermé.

Paren R. — Salies. R.R.R.

Lacuna sp. ?

CARACTÈRES : Coquille très petite, brillante, couverte de très fines stries spirales, visibles seulement à la loupe; spire très aplatie; tours arrondis; ouverture ovale-arrondie; columelle concave, bordée par une rigole ombilicale peu profonde.

Individu non adulte? — 3 mill.

Salies R.R.R.

FOSSARIDÆ.

Fossarus (S. g. *Phasianema*) **costatus?** Brocchi sp. (*Nerita*).
Paren R.R.R. — Salies R.R.R.

SOLARIIDÆ.

Solarium simplex Bronn.
Paren C.C. — Sallespisse C. — Salies R.R.

Solarium moniliferum Bronn.
Paren R.R. — Sallespisse R.R.R. — Salies R.R.

RISSOIIDÆ.

Rissoïa (S. g. *Alvania*) **curta** Dujardin (*Rissoa*).
Paren R.R.R. — Salies R.R.

Rissoïa (S. g. *Alvania*) **Venus?** d'Orbigny. = *R. cimiex* Grat. (*ex parte*).
Salies R.R.R.

Rissoïa (S. g. *Alvania*) Desmoulinsii d'Orb.
Salies R.R.

Rissoïa scalaris Dub. (*fide* Balguerie).
Paren R. — Salies R.R.R.

Rissoïa sp. ?
Espèce du groupe de *R. Zetlandica*.
Salies R.R.R.

Sous le nom de *Rissoa adela* d'Orb., Tournouër (*loc. cit.*) mentionne à Salies \la découverte d'un exemplaire unique qu'il rapporte à cette forme. N'ayant pu vérifier l'exactitude de cette détermination, nous ne citons pas cette espèce qui vraisemblablement doit rentrer dans l'une des formes que nous venons d'énumérer.

Stossichia planaxoïdes Desmoulins sp. (*Rissoïna*).
Salies R.R.

Rissoïna Bruguierei Payraudeau sp. (*Rissoa*).
Paren R.R. — Salies R.

Rissoïna Burdigalensis d'Orbigny in Hörnes.
Salies R.R.

Rissoïna decussata Montague sp. (*Helix*).
Paren R.R.R. — Salies R.R.

Rissoïna pusilla Brocchi sp. (*Turbo*).
Paren R.R.R.

HYDROBIIDÆ.

Hydrobia sp.?
Un seul exemplaire, malheureusement très roulé, d'une espèce ayant. des affinités avec *H. aturensis* Noulet, mais différente.
Salies R.R.R.

CYCLOPHORIDÆ.

Strophostoma anostomæforme Grateloup sp. (*Ferussina*).
Paren R.R.R.

HIPPONYCIDÆ.

Hipponyx sp.? cf. *H. granulatus* Basterot.
Salies R.R.R.

CAPULIDÆ.

Capulus sulcosus? Brocchi sp. (*Nerita*).
Paren R.R.R.

Capulus sp.?
Petite espèce à surface un peu rugueuse, sur laquelle se voient

très bien les s tries d'accroissement et parfois de légères petites côtes à peine indiquées; ouverture ovale, à bords un peu sinueux.

Salies C.

Crepidula cochleare Basterot.

Salies R.R.R.

Crepidula unguiformis Lamarck.

Paren R. — Salies R.R.R.

Calyptræa sinensis Deshayes.

Paren C. — Sallespisse R.R. — Salies R.R.

XENOPHORIDÆ.

Xenophora Deshayesi? Michelotti sp. (*Phorus*).

Paren R.R. — Sallespisse R.R. — Salies R.R.

NATICIDÆ.

Natica Burdigalensis Mayer.

Paren C. — Sallespisse C. — Salies C.

Natica millepunctata Lamarck.

Salies R.R.R.

Natica subepiglottina d'Orbigny (*fide* Tournouër).

Salies R.R.

Natica Leberonensis Fischer et Tournouër.

Paren R. — Salies R.

Natica Volhynica? d'Orbigny.

Sallespisse R.R.R.

Natica (S. g. *Naticina?*) **turbinoïdes** Grateloup.

Paren C.C. — Sallespisse C.C. — Salies R.

Natica (S.g. *Naticina?*) aff. **N. plicatula** Bronn.

Sallespisse R.R.R.

Natica (S. g. *Neverita*) **Josephinia** Risso.

Paren C.C.C. — Sallespisse C.C.C. — Salies C.C.C.

Ampullina redempta Michelotti sp. (*Natica*).

Individus très jeunes.

Paren C. — Sallespisse C. — Salies C.

Sigaretus striatus M. de Serres.

Paren R. — Sallespisse R. — Salies R.

SEGUENZIIDÆ.

Seguenzia ?

Nous avons trouvé au Paren, à Sallespisse et à Salies-de-Béarn, plusieurs individus d'une espèce que nous rapportons dubitativement au genre *Seguenzia*. Ces exemplaires n'étant pas complets, nous ne pouvons affirmer l'exactitude de cette détermination.

Voici quelques caractères qui permettront de reconnaître cette forme :

Coquille très petite, à tours bien détachés, convexes, ornés de de 4-5 plis spiraux à peine visibles sur les deux ou trois premiers tours, puis nettement tracés sur les autres, égaux ; ces plis sont séparés par de larges sillons dont la superficie est occupée par une multitude de très petits plis disposés suivant l'axe de la coquille ; ombilic largement ouvert, portant intérieurement des plis spiraux comme ceux qu'on voit sur la superficie de la coquille.

Si la détermination générique de cette espèce est exacte, il est à remarquer que c'est pour la première fois que ce genre aura été signalé dans le Miocène du Sud-Ouest de la France.

Paren R.R. — Sallespisse R.R.R. — Salies R.R.R.

ADEORBIIDÆ.

Adeorbis planorbillus Dujardin sp. (*Solarium*).

Paren R.R.R. — Salies R.R.R.

Adeorbis quadrifasciatus? Grateloup sp. (*Solarium*).

Paren R.R. — Sallespisse R.R.R.

Adeorbis sp ?

Espèce à tours ronds, carénés dessous, lisses dessus.

Paren R.R.R.

SCALARIIDÆ.

Nous avons communiqué à M. de Boury, qui a déjà publié le commencement de la grande monographie des *Scalariidæ* vivants et fossiles qu'il a entreprise, tous les exemplaires de cette famille que nous avons pu recueillir au Paren, à Sallespisse et à Salies-de-Béarn. Parmi ces échantillons, M. de Boury a reconnu une espèce déjà décrite par Grateloup, une espèce décrite par Cantraine, et 2 ou 3 autres espèces nouvelles, qui seront décrites et figurées dans sa monographie. Ces diverses espèces sont les suivantes :

Scalaria (*Cirsotrema*) **subspinosa** Grateloup.

Paren R.R.R. — Sallespisse R.R.R. — Salies R.R.

Tournouër (*loc. cit.*) mentionne cette forme à Salies sous le nom de *S. pumicea* Br. très jeune.

Scalaria subvaricosa Cantraine.

Paren C.C.C. — Sallespisse C.C.C.

Scalaria sp. nov.

Paren C.C. — Sallespisse C.C.C. — Salies R.R.

Scalaria sp. nov.

Salies R.R.R.

Scalaria (S. g. *Acirsa*) sp.?

Espèce voisine de *Acirsa Basteroti* Benoist, de Pontpourquey, à Saucats (Gironde); peut-être cette espèce elle-même ?

Salies R.R.R.

C'est certainement par erreur que M. Balguerie cite au Paren la présence de *Scalaria subpyrenaïca* Tournouër. Cette espèce se trouve à Biarritz, à la roche Saint-Martin, dans les grès à *Eupatagus ornatus*, c'est-à-dire à un niveau bien inférieur, dans l'étage Tongrien (zone à *Nummulites intermedia* et *N. Fichteli*).

EULIMIDÆ.

Eulima similis d'Orbigny. = *Melania distorta* Basterot et Grateloup.

Salies R.R.

Eulima (S. g. *Subularia*) **subulata** ? Donovan = *Melania subulata* Basterot et *M. nitida*, Grateloup.

Paren C.C. — Sallespisse C.C. — Salies R.R.R.

Cette détermination n'est peut-être pas très exacte ; l'espèce en question présente en effet des différences avec la forme vivante ci-dessus. Mais elle est identique à celle qui, dans le Bordelais, existe à presque tous les niveaux des faluns et que M. Benoist, dans sa collection (Musée de Bordeaux), a nommée sans la décrire ni la faire figurer *Eulima Girondica*.

L'espèce est probablement nouvelle et ce n'est qu'à regret que nous la désignons sous un nom que nous reconnaissons mauvais, mais qui, jusqu'ici, lui a toujours été attribué.

Niso Burdigalensis? d'Orbigny.

Paren C. — Sallespisse C.

PYRAMIDELLIDÆ.

Pyramidella Grateloupi d'Orbigny. = *P. terebellata*. Basterot et Grateloup.

Paren R.R.R. — Sallespisse R.R.R. — Salies R.

C'est, croyons-nous, cette espèce qui est citée par Tournouër (*loc. cit.*) à Salies, sous le nom de *P. plicosa* Bronn.

Pyramidella elata? Von Koenen.

Salies R.R.R.

Pyramidella sp ?

Espèce probablement nouvelle mais dont nous n'avons recueilli qu'un seul exemplaire.

Salies R.R.R.

Odostomia plicata Wood (*fide* Balguerie).

Paren C.

Odostomia sp.?

Sallespisse R.R.

Odostomia sp.?

Sallespisse R.R.

Turbonilla Girondica Benoist, in coll.

Paren R.R.R. — Sallespisse R.R.

Turbonilla gracilis Brocchi sp. (*Turbo*).

Paren R.R.R. — Sallespisse R.R.

Turbonilla parva Nobis (Pl. IX, fig. 3-3 *a b*).

Caractères : *Testa minima, crassa; spira elongate-turrita, medio subinflata; anfractus 9-10, duo primi embryonales læves, ceteri longitudinaliter costellati, convexiusculi; costulæ crebræ, obsoletæ, subsinuosæ, ab insterstiis æqualibus separatæ, in media parte anfractuum et contra suturam posticam subincrassatæ; sutura regularis; apertura subrhomboïdes ; labrum acutum; columella recta, uniplicata.*

Long. 5 mill. — Lat. 2 mill.

Coquille très petite, à test épais; spire allongée, turriculée, un peu renflée dans sa partie moyenne; tours au nombre de 9 ou 10, les deux premiers embryonnaires lisses, les autres costulés, un peu convexes; côtes longitudinales nombreuses, rapprochées, obsolètes, sinueuses, séparées par des intervalles réguliers et égaux à la largeur des côtes, un peu épaisses dans leur partie moyenne et contre la suture postérieure; suture régulière; ouverture quadrangulaire-subrhomboïdale; labre aigu; columelle droite, uniplissée; quelques exemplaires portent la trace d'un ombilic presque complètement fermé.

Paren R.R.R. — Sallespisse R.R. — Salies R.R.

Turbonilla obliqua Nobis (Pl. IX, fig 4-4 *a*).

Caractères : *Testa minima, crassa; spira angusta, elongata; anfractus 9-10, breves, complanati, longitudinaliter costulati; costulæ numerosæ, regulares, obliquæ, ab interstiis lævibus et latitudinem costularum æquantibus separatæ, in ultimo anfractu subsinuosæ; sutura regularis; columella uniplicata* (1).

Long. 6 mill. — Lat 1 mill. 1/2.

Coquille petite, à test épais; spire étroite, allongée; tours au nombre de 9-10, courts, plats, costulés longitudinalement; côtes nombreuses, très régulières, obliques, séparées par des intervalles lisses et égaux en largeur à la largeur des côtes, sinueuses sur le dernier tour; suture très régulière; columelle portant un seul pli.

Sallespisse R.R.R.

Turbonilla cylindroïdes Nobis (Pl. IX, fig. 5-5 *a*).

Caractères : *Testa parva, crassa, subumbilicata ; spira elongato-*

---

(1) Ne possédant pas un exemplaire absolument complet de cette espèce, nous ne pouvons donner tous les caractères de l'ouverture qui paraît être cependant subquadrangulaire.

cylindroïdes; anfractus breves, subplanati, longitudinaliter costulati; costulæ numerosæ, obsoletæ, læves, obliquæ, ab interstiis lævibus et latitudinem anfractuum non æquantibus separatæ; sutura regularis; apertura subquadrangulata; labrum acutum; columella recta, uniplicata.

Long. ? (1). — Lat. 1 mill. 1/2.

Coquille petite, épaisse, subombiliquée; spire allongée, de forme presque cylindrique; tours très courts, presque plats, costulés longitudinalement; côtes nombreuses, obsolètes, lisses, obliques, séparées par des intervalles lisses et pas tout à fait aussi larges que la largeur des côtes elles-mêmes; suture très régulière et bien marquée; ouverture presque quadrangulaire; labre aigu; columelle droite, portant un seul pli.

Salies R.R.

Turbonilla incognita Nobis (Pl. IX, fig. 1-1 *a*).

CARACTÈRES : *Testa minima, crassa, non umbilicata; spira elongato-turriculata; anfractus breves, planati, longitudinaliter costulati; costulæ sat latæ, obsoletæ, læves, parum obliquæ, ab interstitiis lævibus separatæ, interstitia latitudinem costularum æquantes; sutura superficialis, regularis; apertura subquadrangulata; labrum crassum; columella recta, obtuse uniplicata.*

Long. ? (1). — Lat. 1 mill. 1/2.

Coquille petite, épaisse, non ombiliquée; spire allongée-turriculée; tours courts, plats, costulés longitudinalement; côtes assez fortes, lisses, peu obliques, séparées par des intervalles lisses, ces intervalles égalant à peu près la largeur des côtes; suture assez superficielle, régulière; ouverture presque quadrangulaire; labre épais; columelle droite, obtusement plissée par un seul pli.

Sallespisse R.R.R.

Turbonilla multicostata Nobis (Pl. IX, fig. 2-2 *a*).

CARACTÈRES : *Testa minima, non crassa; spira elongato-conica; anfractus 8-9, breves, subplanati, subimbricati, longitudinaliter costulati; costulæ creberrimæ, exiles, parum prominentes, læves,*

---

(1) N'ayant pas d'exemplaire entier de cette espèce, nous ne pouvons donner ni le nombre de tours, ni la longueur totale de la coquille.

ab interstitiis lævibus et angustis separatæ ; sutura regularis, sat profunda; apertura subquadrangulata ; labrum acutum ; columella recta, elevata, non plicata.

Long. 4 mill. 1 2. — Lat. 1 mill. 1/2.

Coquille très petite, assez fragile; spire allongée, conique; tours au nombre de 8-9, courts, presque plats, presque imbriqués et costulés longitudinalement; côtes très nombreuses, fines, peu obliques, lisses, séparées par des intervalles lisses et assez étroits; suture régulière et assez profonde; ouverture subquadrangulaire; labre aigu ; columelle droite, élevée, non plissée.

Paren R.R.R.

Turbonilla subumbilicata Grateloup sp. (*Acteon*).

Paren C.C. — Sallespisse C.C. — Salies R.R.R.

Turbonilla sp.?

Salies-de-Béarn R.R.R.

NERITIDÆ.

Nerita sulcosa Grateloup.

Paren R.R.R. — Salies R.R.R.

Nerita asperata Dujardin.

Salies R.R.R.

Nerita morio Duj. var. **tenuistriata** (*fide* Tournouër).

Salies R.R.

Neritina Ferussaci Recluz. $=$ *Nerita picta* Férussac *in* Grateloup.

Paren C.C.C. — Salies C.

Neritina Grateloupeana Férussac.

Paren C.

Neritina Bronni d'Ancona (*fide* Tournouër).

Salies R.R.

TURBINIDÆ.

Phasianella Vieuxi Payraudeau (*fide* Benoist).

Paren R.R.R.

Turbo rugosus Linné.

Salies R.R.R.

TROCHIDÆ.

Clanculus Araonis Basterot sp. (*Monodonta*).
Salies R.R.

Trochus (S. genre?) sp.?

Espèce ombiliquée, à spire peu élevée, à tours plats, marginés vers la suture postérieure, ornés de 4-5 plis spiraux et de stries longitudinales obliques, très fines; ouverture subquadrangulaire; labre épaissi près du bord; columelle tordue.
Paren C.C.C. — Sallespisse R.R. — Salies R.R.

Trochus (S. genre?) sp.?

Espèce ombiliquée, à spire plus élevée que l'espèce précédente, et de forme plus conique; tours plats, marginés vers la suture postérieure, ornés de 5-7 plis spiraux très marqués, traversés obliquement, ainsi que les sillons qui les séparent, par des stries lamelleuses très fines découpant parfois les plis spiraux en petits tubercules obtus; ouverture subquadrangulaire; labre aigu; columelle tordue.
Paren R.R.

Trochus (S. genre?) sp.?

Très jolie petite espèce, à spire élevée, obtuse, un peu renflée, couverte de 5-6 plis spiraux, fins, sur chaque tour, et de stries longitudinales dans l'intervalle des plis, fines, aiguës, très rapprochées; ouverture subcirculaire; ombilic peu ouvert; flammes violettes sur la surface des tours.
Salies R.R.R.

Umbonium subsuturale d'Orbigny sp. (*Rotella subsuturalis*).
Salies C. — Paren R.R.R.

Gibbula magus Linné sp. (*Trochus*).
Paren R.R.R.

Gibbula biangulatus Eichw. sp. (*Trochus*).
Paren R.R R.

Gibbula Moussoni Mayer? (*fide* Balguerie).
Paren R.

Gibbula sp. ?

Espèce admirablement conservée, ayant encore les couleurs,

à tours un peu convexes, le dernier arrondi, du groupe de *T. tessellatus* (collection du Musée de Bordeaux).

Salies R.R.R.

Calliostoma miliaris Brocchi sp. (*Trochus*).

Paren R.R.R. — Sallespisse R.R.R.

Calliostoma turgidulus Brocchi sp. (*Trochus*).

Paren R.R.R. — Sallespisse R.R.R.

CYCLOSTREMATIDÆ.

Cyclostrema sp.?

Paren R.R.R. — Sallespisse R.R.R.

Tinostoma Defrancei Basterot sp. (*Rotella*)

Paren R.R.R.

HALIOTIDÆ.

Haliotis sp ?

Un fragment peu déterminable, mais qui permet bien de reconnaître le genre.

Salies R.R.R.

C'est pour la seconde fois seulement que ce genre est signalé dans les formations tertiaires du Sud-Ouest de la France. Nous l'avons déjà rencontré dans le falun aquitanien de Martillac; mais l'espèce de Martillac ne paraît pas être celle de Salies-de-Béarn, autant qu'on en peut juger d'après des exemplaires incomplets.

FISSURELLIDÆ.

Fissurella italica Defrance = *F. costaria* Grateloup.

Paren R.R. — Sallespisse R.R. — Salies C.

Fissurella græca Linné.

Paren R.R.R. — Sallespisse R.R.R. — Salies R.R.R.

MM. Tournouër et de Bouillé citent dans la « *Paléontologie de Biarritz* » deux espèces d'*Emarginula* trouvées à Salies-de-Béarn et représentées chaque espèce par un seul exemplaire. Nous avons rencontré nous-même à Salies-de-Béarn, deux espèces de ce genre représentées, chaque espèce, par quelques exemplaires. MM. Tournouër et de Bouillé ont été dans l'impossibilité de rapporter les formes trouvées par eux à des espèces déjà connues; ils se bornent à dire, en donnant leurs dimensions respectives, que l'une appartient au groupe de *E. elongata* Costa et l'autre au groupe de *E. cancellata* Phil. Ils indiquent dubitativement que ces espèces sont nouvelles.

Comme nous pensons qu'il en est ainsi, nous décrivons, comme suit, les deux formes trouvées par nous :

Emarginula Souverbiei Nobis (Pl. IX, fig. 13-13 *a, b, c*).

CARACTÈRES : *Testa fragilis, ovato-subcircularis, conica; apex valde elevatus; superficies tota costulis divergentibus (20-22), prominentibus, elevatis, et costulis transversis minoribus, super costulas divergentes decurrentibus, cancellata; in interstitiis costularum longitudinalium una costula, minor, tenuis; cavitas lævis; margo crenulatus; vertex leviter posticus et parum recurvus.*

Long. 10 mill. — Lat. 7 mill. — Alt. 6 mill.

Coquille fragile, ovale-subcirculaire, conique, à sommet très élevé, couverte de côtes divergentes (20-22) partant du sommet et dans l'intervalle desquelles existent d'autres côtes divergentes, plus petites (1 seulement entre chaque côte); petites côtes transverses assez fortes, mais moins que les côtes divergentes, passant par dessus ces dernières et donnant à la coquille un aspect cancellé assez régulier; intérieur de la coquille lisse; bord crénelé; sommet presque médian, placé un peu en arrière, peu recourbé.

Cette espèce appartient au groupe de *E. cancellata* Philippi (= *E. clathratæformis* Eichwald), mais s'en distingue à première vue.

Salies R.R.R — Paren R.R.

Emarginula Salinensis Nobis (Pl. IX, fig. 12-12 *a, b, c*).

CARACTÈRES : *Testa sat crassa, ovata, antice subcircularis; apex parum elevatus; superficies tota costulis divergentibus (32), angustis, nonnullis minoribus tecta; interstitia costularum plicis transversis creberrimis, tenuissimis, ornata; cavitas lævis; margo vix crenulatus, leviter incrassatus; vertex valde posticus et recurvus.*

Long. 9 mill. — Lat. 6 mill. — Alt. 4 mill.

Coquille un peu épaisse, ovale en arrière, subcirculaire en avant; sommet peu élevé; surface toute couverte de petites côtes divergentes (32) étroites, dont quelques unes sont plus faibles que les autres; intervalles des côtes ornés de petits plis transverses très nombreux, très rapprochés et très fins; cavité lisse; bord à peine crénelé, un peu épaissi; sommet très excentrique, placé tout à fait en arrière et très recourbé.

Cette espèce appartient au groupe de *E. elongata* Costa.

Salies R.R.R.

PATELLIDÆ.

Deux espèces du genre *Patella* existent au Paren; une autre espèce se rencontre à Salies-de-Béarn. Malheureusement les exemplaires, très rares pour chaque espèce, que nous avons rencontrés, sont très petits et très certainement non adultes. Les espèces se distinguent aisément l'une de l'autre.

Patella sp. ?

Espèce très déprimée, à sommet très excentrique, ovale, élargie en arrière, couverte de gros plis divergents (8-10), sublamelleux, non rectilignes, dans l'intervalle desquels se voient d'autres plis (3-5). La coquille a un aspect rugueux extérieurement; intérieurement la cavité est lisse.

Long. 5 mill. 1/2. — Lat. 4 mill. — Alt. 1 mill. 1/2.

Paren R.R.R.

Patella sp. ?

Espèce déprimée, ovale, à sommet un peu excentrique, couverte extérieurement de très nombreux petits plis (une soixantaine environ) sensiblement égaux et également espacés.

Long. 6 mil. — Lat. 5 mill. — Alt. 1 mill. 1/2.

Paren R.R.R.

Patella sp. ?

Espèce très plate, à sommet très excentrique et surface presque lisse, sur laquelle on distingue mal quelques traces de côtes divergentes très obtuses, peu visibles.

Long. 4 mill. 1/2. — Lat. 3 mill. — Alt. 1 mill. 1/2.

Salies R.R.R.

ORDRE DES POLYPLACOPHORA

CHITONIDÆ.

Chiton (S. genre *Tomochiton* S^{on} *Callochiton*) **Benoisti** de Rochebrune.
Quelques valves seulement.
Salies R.R.R.

CLASSE DES SCAPHOPODES

DENTALIIDÆ.

Dentalium sp. ?

Espèce petite, lisse et brillante, peu courbée, sans côtes ni stries, portant une petite fissure en arrière sur la face convexe.
Salies R.R.

Dentalium sp. ?

Espèce très petite, plus courbée que la précédente, lisse et brillante, très aiguë en arrière, sans côtes, ni stries ni fissure.
Sallespisse R.R.R.

Dentalium pseudo-entalis Lamarck.
Salies C.C.

Dentalium sp. ?

Espèce très voisine de *D. mutabile* Doderlein = *D. novem costatum* Dujardin, assez grande (40 mill.), très courbée, large en avant, étroite en arrière, portant 8 ou 9 côtes saillantes et deux ou trois stries dans les intervalles de ces côtes, presque lisse ou peu striée en avant; orifice postérieur muni d'un petit tube accessoire interne.
Paren C.C.C. — Sallespisse C.C.C.

Dentalium aprinum Linné.
Salies R.R.R.

Siphono-dentalium sp.?

Petite espèce lisse et brillante, régulièrement mais peu courbée.

Paren R.R. — Sallespisse R.R.

Siphono-dentalium sp.?

Espèce de même taille que la précédente, très finement striée.

Paren R.R.R. — Sallespisse R.R.R.

Siphono-dentalium (S. g. *Dischides*) **coarctatum** Grateloup.

Paren R. — Sallespisse R. — Salies R.R.

CLASSE DES PÉLECYPODES

ORDRE DES TETRABRANCHIA

OSTREIDÆ.

Ostrea cochlear Poli (*fide* Benoist).

Paren R.R.R.

Ostrea digitalina Dub. de Montp.

Paren R.R. — Sallespisse R.R.R. — Salies R.R.R.

Ostrea crassissima Lamarck.

Paren C. — Salies C.

Ostrea neglecta Michelotti.

Paren C. — Sallespisse C.C.

Ostrea saccellus? Dujardin.

Paren R.R.R.

ANOMIIDÆ.

Anomia ephippium? Philippi.

Paren R.R.R.

Anomia striata Brocchi.

Salies R.R.

SPONDYLIDÆ.

Plicatula mytilina ? Philippi.
Salies R.R.R.

LIMIDÆ.

Lima (*Radula*) **squamosa ?** Lamarck.
Salies R.R.R.

Lima (*Mantellum*) **inflata** Chemnitz.
Salies R.R.R.

Lima (*Limatula*) **subauriculata** Montague in Hörnes.
Salies R.R.R.

Limea sp. ?
Espèce voisine de *L. strigilata* Brocchi.
Salies R.R.R.

PECTINIDÆ.

Chlamys Puymoriæ Mayer (*fide* Tournouër).
Salies R.R.R.

Chlamys Suzannæ Mayer (*fide* Tournouër).
Salies C.

Chlamys Sallomacensis Tournouër.
Paren R. — Sallespisse C. — Salies C.

Pecten Vindascinus Fontannes.
Paren C.C. — Sallespisse C.C. — Salies C.

Pecten solarium Lamarck (*fide* Benoist).
Paren R.R.

Pecten Hermansenni Dunker (*fide* Benoist).
Paren R.R.

Pecten Raouli G. Dollfus.
Paren R. — Sallespisse C. — Salies C.
Espèce du groupe de *P. ventilabrum* Goldfuss, décrite par
Tournouër (in *Paléont. de Biarritz*) sans nom et nommée par
M. G. Dollfus (*Coq. nouv. ou mal connues du ter. tert. du Sud-
Ouest.* Bull. Soc. Borda, 1889).

Hinnites substriatus d'Orbigny.
Paren R.R.R. — Sallespisse R.R.R. — Salies R.R.R.

Hinnites striatus Sowerby, minor (*fide* Tournouër).
Salies R.R.

AVICULIDÆ.

Avicula phalenacea Lamarck.
Paren R.R.R. — Salies R.R.R.

Pinna Brocchii ? d'Orbigny.
Paren R.R. — Sallespisse R.R.R.

MYTILIDÆ.

Mytilus Haidingeri Hörnes.
Fragments.
Paren C. — Salies R.R.

Dreissensia sp. ? cf. *D. Basteroti* d'Orb.
Paren R.R.R. — Sallespisse R.R.R.

ARCIDÆ.

Arba imbricata ? Bruguières.
Salies R.R.R.

Arca clathrata ? Deshayes.
Salies R.R.R.

Arca lactea Linné.
Paren R.R.R. — Sallespisse R.R. — Salies C.C.

Arca (S. g. *Barbatia*) **barbata** Linné.
Paren R.R.R. — Salies R.R.R.

Arca (S. g. *Barbatia*) **variabilis ?** Mayer.
Paren R.R.R. — Sallespisse R.R.R.

Arca (S. g.?) **mytiloïdes ?** Brocchi.
Paren C. — Sallespisse C.C. — Salies C.

Cette espèce diffère un peu du type de Brocchi. Elle se rencontre abondamment à Salles (Gironde) dans l'Helvétien. Elle serait plus exactement dénommée *A. submytiloïdes* Tournouër, nom que cet auteur lui avait donné dans sa collection, sans la décrire, croyons-nous.

Arca (S. g. *Anadara*) **turonica** Dujardin.
Paren R.R. — Salies R.R.

Arca (S. g. *Anadara*) **helvetica** Mayer.
Paren C.C. — Sallespisse R.

Arca (S. g. *Cucullea*) sp.?

Espèce à coquille très inéquilatérale, gibbeuse en arrière, couverte de plis rayonnants minces, rapprochés, droits dans les parties antérieure et médiane, espacés, rugueux et irréguliers dans la partie postérieure, et de quelques plis transverses formés par des arrêts d'accroissement; 4 dents latérales antérieures, 5 dents latérales postérieures; intérieur finement strié.
Paren R.R. — Salies R.R.R.

Pectunculus (*Axinea*) **pilosus** Linné sp. (*Arca*).
Paren R.R.R. — Sallespisse R.R.R. — Salies R.R.R.

Pectunculus (*Axinea?*) **cor?** Basterot.
Sallespisse R.R.R.

Pectunculus violacescens? Linné sp. (*Arca*).
Salies R.R.

Pectunculus sp.? — Un exemplaire très roulé, indéterminable, d'une espèce à côtes assez fortes.
Salies R.R.R.

NUCULIDÆ.

Nucula sp.? Petite espèce du groupe de *N. trigona* Seguenza, à surface très finement striée et bords finement crénelés.
Paren C. — Sallespisse R. — Salies R.R.

Nucula sp.? Grande espèce, de la taille de *N. apenninica* Bell., avec laquelle elle a des affinités, mais dont les valves sont proportionnellement plus larges, à surface lisse, à bords lisses.
Salies R.R.

Leda (*Lembulus*) **undata** Defr.
Salies R.

Leda Bonellii Bellardi (*fide* Benoist).
Paren R.R.

CARDITIDÆ.

Venericardia Jouanneti Basterot.
Paren C.C. — Sallespisse C.C. — Salies R.R.

Venericardia nuculina? Duj.
Paren R.R. — Salies R.R.

Cardita calyculata Linné sp. (*Chama*).
Paren R.R. — Salies R.R.

Cardita crassicosta Lamarck.
Sallespisse R.R.R. — Salies R.R.

Cardita unidentata Basterot.
Sallespisse R.R. — Salies R.R.

ASTARTIDÆ.

MM. Tournouër et de Bouillé citent une seule espèce du genre *Astarte* trouvée à Salies-de-Béarn; c'est *A. Grateloupi* Deshayes. Cette espèce est figurée par eux (in *Paléont. de Biarritz*, pl. I, fig. 12). Ses bords sont lisses. On trouve, à Salies-de-Béarn, une autre espèce d'*Astarte*, en tout semblable à la première, mais dont les bords sont crénelés. Ces deux espèces se distinguent l'une de l'autre par ce caractère. Elles existent aussi dans le bassin de la Gironde, notamment à la Sime (commune de Saucats), où elles sont communes. Afin d'éviter toute confusion, nous proposons de réserver le nom d'*A. Grateloupi* à l'espèce dont les bords ne sont pas crénelés, et de donner le nom de Deshayes à l'espèce dont les bords sont crénelés et que désormais nous appellerons *A. Deshayesi*.

Astarte (*Tridonta?*) **Deshayesi** Nobis.
Salies R.

Astarte (*Tridonta?*) **Grateloupi** Deshayes.
Salies R.

Astarte (*Goodallia?*)
Paren R.R. — Sallespisse R.R. — Salies R.R.

Woodia sp.?
Paren R.R.R. — Salies R.R.R.

ERYCINIDÆ.

Erycina sp.?
Paren R.R.R. — Salies R.R.R.

Lepton sp.?
Paren R.R.R. — Sallespisse R.R.R.

Lepton sp.?
Salies R.R.R.

Lepton insignis Mayer.
Sallespisse R.R.R.

GALEOMMIDÆ.

Scintilla ?
Paren R.R.R. — Sallespisse R.R.R.

CARDIIDÆ.

Cardium gallicum Mayer.
Sallespisse R.R.R.

Cardium papillosum Poli.
Paren R.R. — Sallespisse R.R.R. — Salies R.R.

Cardium paucicostatum Deshayes.
Paren R. — Sallespisse R. — Salies R.R.R.

Cardium hians Brocchi. — Toujours en fragments.
Paren C. — Sallespisse C. — Salies R.R.

Cardium turonicum Mayer, variété.
Salies R.R.R.

CHAMIDÆ.

Chama Brocchii Deshayes.
Paren R. — Salies C.

Chama gryphina Lamarck.
Paren R.R.R. — Salies R.R.R.

CYPRINIDÆ.

Basterotia corbuloïdes Mayer.
Paren R.R.R.

VENERIDÆ.

Meretrix pedemontana Agassiz sp. (*Cytherea*).
Paren R. — Sallespisse R. — Salies R.

Meretrix sp.? — Espèce de petite taille (long. 18 mill., larg.
12 mill.), à surface lisse.
Paren R.R.

Meretrix sp.? Espèce de petite taille probablement nouvelle.
Salies R.R.

Meretrix lævis Agassiz sp. (*Cytherea*) (*fide* Tournouër).
Salies C.

Circe sp.? Espèce voisine de *C. minima* Montague *in* Hörnes,
très petite, n'ayant pas de sillons concentriques sur la
superficie.
Salies R.R.

Dosinia Basteroti ? Agassiz.
Paren R.R.R. — Salies R.R.R.

Dosinia intermedia Dod. (*fide* Tournouër).
Salies R.R.

Venus sp.? aff. **V. marginata** Hörnes.
Paren C.C.C. — Sallespisse C.C.C.

Venus sp.? Espèce du groupe de *V. multilamella* Lamarck, mais
plus plate, ornée dans les intervalles des plis concentriques
de stries rayonnantes très fines et très rapprochées.
Salies R.R.

Cette espèce se trouve aussi dans le falun de Salles (Gironde),
à Largileyre (Helvétien).

Venus plicata Gmelin.
Paren C. — Sallespisse C. — Salies R.

Venus Basteroti ? Deshayes.
Paren C.C. — Sallespisse C.C. — Salies R.R.R.

C'est avec doute que nous citons cette espèce, bien qu'elle soit
mentionnée par Tournouër (*loc. cit.*) à Salies-de-Béarn. La forme
de Salies, qui se retrouve au Paren et à Sallespisse, n'est pas
identique à celle de Saint-Paul de Dax, où se trouve la

V. Basteroti typique. Elle est intermédiaire entre cette forme et une autre forme, du bassin de Vienne en Autriche, *V. scalaris* Bronn, dont elle se rapproche par la petitesse de sa taille.

Venus umbonaria Agassiz.
Paren C. — Sallespisse C. — Salies (*fide* Tournouër) R.R.

Venus (S. genre *Chione* — Son *Timoclea*) **ovata** Pennant.
Salies R.R.R.

Venus sp? Espèce assez grande (20 mill. sur 18 mill.), de forme subtrigone, ornée de quelques forts sillons concentriques entre chacun desquels il y en a quelques autres plus faibles.
Salies R.R.R.

Venus sp.?
Salies R.R.R.

Venus sp.?
Salies R.R.R.

Tapes Sallomacensis Tournouër.
Salies R.R.R.

Nous ignorons si cette espèce a été décrite et figurée. Elle existe à Salles (Gironde) dans l'Helvétien, et portait, dans la collection Tournouër, le nom sous lequel nous la désignons. Elle est de grande taille.

PETRICOLIDÆ.

Petricola sp.?
Une valve, petite, indéterminable spécifiquement.
Salies R.R.R.

UNGULINIDÆ.

Diplodonta rotundata Montague.
Sallespisse R.R.

Diplodonta trigonula Bronn *in* Hörnes.
Paren C. — Sallespisse R.R.

DONACIDÆ.

Donax gibbosula Mayer.
Paren R.R R. — Sallespisse R.R.R.

Donax transversa Deshayes.
Paren R.R. — Sallespisse R. — Salies R.R.R.

PSAMMOBIIDÆ.

Psammobia Labordei Basterot. — Un exemplaire très roulé.
Sallespisse R.R.R.

Psammobia uniradiata Brocchi sp. (*Tellina*).
Paren R.R.R. — Sallespisse R.R.R. — Salies R.R.R.

Psammobia sp.?
Sallespisse R.R.R.

Psammobia sp.? Petite espèce ornée de très fines stries concentriques.
Salies R.R.R.

SOLENIDÆ.

Solenocurtus strigilatus Linné sp. (*Solen*).
Paren R.R. — Sallespisse R.R. — Salies R.R.

Solenocurtus coarctatus Gmelin sp. (*Solen*).
Paren R.R.R.

Ensis Rollei ? Hörnes.
Salies R.R.R.

Solen Burdigalensis Deshayes.
Sallespisse R.R.R.

Pharus sp.? cf. **P. Saucatsensis** Benoist sp. (*Pólia*).
Salies R.R.R.

MESODESMATIDÆ.

Ervilia pusilla ? Philippi sp. (*Erycina*).
Paren R.R.R. — Sallespisse R.R.R. — Salies R.R.

MACTRIDÆ.

Mactra (S. g. *Hemimactra*) **triangula** Renier.
Paren C.C.C. — Sallespisse C.C.C. — Salies R.R.

Mactra Basteroti Mayer (*fide* Balguerie).
Paren R.R.

Lutraria sp.? — Un fragment indéterminable d'une grande espèce.

Paren R.R.R.

MYIDÆ.

Tugonia anatina Gmelin. = **Mya ornata** Basterot.

Paren R.R.R.

Sphenia sp.? — Une seule valve, incomplète sur le bord palléal.

Salies R.R.R.

Sphenia nov. sp.?

Une seule valve, la gauche.

Salies R.R.R.

Corbula striata Walk. (non Basterot).

Paren C.C.C. — Sallespisse C.C.C. — Salies C.C.C.

Espèce citée au Paren, par M. Balguerie (*loc. cit.*), sous le nom de *C. nucleus* M. de Serres.

Corbula revoluta Brocchi.

Salies R.R.

Tournouër (*loc. cit.*) mentionne la présence de *Corbula gibba* Olivi à Salies. Le *Corbula* qui est si commun à Salies, au Paren et à Sallespisse, n'est pas *C. gibba*. C'est *C. striata* Walk., dont la surface ne porte pas des plis concentriques aussi gros ni aussi réguliers que ceux de l'espèce d'Olivi.

Corbula (S. g. *Corbulomya*) sp.?

Espèce ayant des affinités avec *Corbulomya Burdigalensis* Benoist, de Pontpourquey, à Saucats (Gironde).

Paren C. — Sallespisse R.R.R. — Salies R.R.R.

GLYCYMERIDÆ.

Glycymeris Menardi Deshayes sp.? (*Panopea*).

Salies R.R.R.

GASTROCHENIDÆ.

Gastrochena dubia Pennant.

Salies R.R.R.

PHOLADIDAE.

Pholas dactilus ? Linné.
Exemplaires tous brisés.
Paren C.

ORDRE DES DIBRANCHIA

LUCINIDAE.

Lucina borealis Lin.
Salies R.R.R.

Lucina dentata ? Basterot.
Salies R.R.R.

Lucina (S. g. *Codokia*) **reticulata** Poli.
Sallespisse R.R.R. — Salies R.R.

Lucina (S. g. *Divaricella*) **syrtica** Benoist.
Paren R.R. — Sallespisse R.R. — Salies R.R.

TELLINIDAE

Tellina (S. g. *Eutellina* — s^{on} *Peronæa*) **planata** Lin.
Sallespisse R.R.R. — Salies R.R.R.

Tellina (S. g. ?) **bipartita** Basterot.
Paren R.R.R. — Sallespisse R.R.R. — Salies R.R.R.

Tellina (S. g. ?) **elliptica** Brocchi.
Paren R.R.

Tellina (S. g. ?) **compressa** Brocchi (*fide* Benoist).
Paren R.R.

Tellina sp. ? Petite espèce ornée de sillons concentriques très
fins.
Salies R.R.R.

Tellina sp. ?

Autre petite espèce ornée de sillons concentriques un peu
moins fins que ceux de la précédente espèce.
Salies R.R.R.

Tellina (S. g. *Arcopagia*) **corbis** Bronn.

Paren R.R.R. — Sallespisse R.R.R. — Salies R.R.R.

Tournouër (*loc. cit.*) cite à Salies-de-Béarn *Arcopagia ventricosa* M. de Serres. Nous pensons que c'est par erreur. L'espèce de Salies est bien *Arcopagia corbis* Bronn, dont la forme est moins régulièrement trigone que celle de l'espèce de M. de Serres et dont les plis concentriques sont plus fins et plus serrés.

Gastrana ?

Salies R.R.R.

Gastrana (S. g. *Capsa*) **lacunosa** Chemnitz sp. (*Tellina*).
Salies R.R.R.

<h3 style="text-align:center">PANDORIDÆ.</h3>

Pandora inæquivalvis ? Linné.
Sallespisse R.R.R.

Les Mollusques proprement dits ne sont pas les seuls êtres ayant vécu dans les faluns que nous venons d'étudier. On y trouve aussi d'autres organismes ayant appartenu à des êtres d'un ordre supérieur et d'autres encore placés plus bas dans l'échelle animale. En voici une énumération très succincte, mais suffisante pour donner une idée plus complète de la faune.

Les Vertébrés y sont représentés par quelques rares ossements et quelques vertèbres de petites espèces, par des otolites et surtout par des dents assez nombreuses se rapportant aux genres suivants : *Raia*, *Lamna*, *Oxhyrina*, *Odontaspis*, *Otodus*, *Hemipristis* ou *Galeocerdo*. D'autres dents, coniques, un peu courbées, brillantes, appartiennent à un autre genre que nous ne connaissons pas.

On y trouve aussi des fragments de la voûte palatiale d'une espèce de *Myliobates*.

De nombreux morceaux de pinces de Crustacés attestent la présence de cet ordre.

Les Cirrhipèdes y sont représentés par les genres *Balanus* et *Scalpellum*.

Parmi les Bryozaires, on peut citer : *Trochopora conica* d'Orb.,

Cupularia Cuvieri d'Orb., *C. intermedia* d'Orb. ; parmi les Echinodermes, une très jolie petite espèce d'oursin régulier, et des radioles de deux autres espèces; parmi les Zoophytes, de nombreux Polypiers (6 ou 7 espèces au moins, parmi lesquelles *Astrea ellisiana?* Defr.), et des Spongiaires; enfin, parmi les Foraminifères : *Operculina complanata* d'Orb. et *O.* sp.?

De ces divers genres ou espèces, un certain nombre se retrouvent dans le Burdigalien et surtout dans l'Helvétien de la Gironde; circonstance qui permet, autant que la similitude entre les faunes de Mollusques, de conclure à la contemporanéité des dépôts de la Gironde (de ceux de Salles surtout) et des dépôts des environs d'Orthez et de Salies-de-Béarn.

Nous faisons suivre la liste d'espèces qu'on vient de lire, du moins en ce qui concerne les Mollusques, d'un tableau qui résume les résultats de nos recherches. On pourra de la sorte comparer facilement la faune des gisements des environs d'Orthez avec celle de Salies-de-Béarn. Et, afin de pouvoir assigner rationnellement une place dans l'échelle stratigraphique des terrains tertiaires, aux faluns que nous avons explorés, nous indiquons, dans ce tableau, quelles sont celles des espèces étudiées qui se retrouvent dans le Burdigalien et l'Helvétien de la Gironde, à Saubrigues, dans la Touraine, dans le Pliocène, enfin celles qui ont encore des représentants vivants dans les mers actuelles. Ce travail comparatif fournira des données précises sur les affinités de notre faune et nous permettra d'énoncer des conclusions dont l'exactitude ne saurait être sérieusement contestée. Bien entendu, nous n'avons pas la prétention de n'avoir omis aucune indication dans ce tableau, ni celle d'avoir signalé toutes les espèces d'Orthez ou de Salies-de-Béarn qui peuvent exister dans les divers horizons que nous avons indiqués; cependant, nous espérons que les renseignements qu'on y trouvera sont assez complets pour justifier les appréciations que nous aurons à formuler sur le synchronisme de ces faluns avec les autres terrains tertiaires de l'Europe.

TABLEAU COMPARATIF DE LA RÉPARTITION DES ESPÈCES

	NOMS DES ESPÈCES	F···SSE	SALIES	BURDIGALIEN de la GIRONDE	HELVÉTIEN de la GIRONDE	SAUBRIGUES	TOURAINE	PLIOCÈNE	ESPÈCES ENCORE VIVANTES
1	**Aturia Aturi** Bast.			⊠		⊠			
2	**Cleodora** nov. sp.								
3	**Cassidula Orthezensis** Degr. Touz.								
4	**Leuconia subbiplicata** d'Orb.			⊠	⊠				
5	**Actaeon tornatilis** Lin.		⊠		⊠			⊠	⊠
6	» **Orthezi** Ben.				⊠				
7	» **neglectus** Ben.			⊠					
8	» **Moulinsii** Ben.								
9	» **Dargelasi** Bast.		⊠	⊠			⊠		
10	» sp?		⊠						
11	» (Actaeonidea) **pinguis** d'Orb.			⊠	⊠			⊠	
12	» (») **Salinensis** Ben.								
13	**Tornatina Lajonkaireana** Bast.			⊠	⊠		⊠		⊠
14	» **compacta** Ben.		⊠		⊠				
15	**Scaphander sublignarius** d'Orb.		⊠		⊠				
16	**Atys subutriculus** d'Orb.		⊠	⊠	⊠	⊠			
17	**Cylichna tarbelliana** Grat.			⊠					
18	» **pseudo-convoluta** d'Orb.		⊠	⊠	⊠		⊠		
19	» **subangistoma** d'Orb.		⊠	⊠	⊠	⊠			
20	» **subconulus** d'Orb.			⊠	⊠				
21	» **lamellosa** Ben. (Coll.)				⊠				
22	» sp?								
23	**Ringicula Grateloupi** d'Orb.		⊠	⊠	⊠	⊠			
24	» **Douvillei** Morlet.		⊠	⊠	⊠				
25	» **Mayeri** Morlet.				⊠	⊠			
26	» **quadriplicata** Morlet.					⊠			
27	» **acutior** Mayer.					⊠			
28	**Terebra modesta** Defr.		⊠	⊠	⊠	⊠	⊠		
29	» **plicaria** Bast.		⊠	⊠	⊠	⊠	⊠		
30	» **acuminata** Borson.		⊠	⊠	⊠	⊠		⊠	
31	» **pertusa** Bast.		⊠	⊠	⊠	⊠	⊠		
32	» **Basteroti** Nyst.		⊠	⊠	⊠	⊠	⊠		
33	» **subcinerea** d'Orb.		⊠	⊠	⊠		⊠		
34	» **cuneana** Da Costa.				⊠	⊠			

N°	NOMS DES ESPÈCES	ESPISSE	SALIES	BURDIGALIEN de la GIRONDE	HELVÉTIEN de la GIRONDE	SAUBRIGUES	TOURAINE	PLIOCÈNE	ESPÈCES ENCORE VIVANTES
35	Conus canaliculatus Broc.	×	×		×	×	×		
36	» maculosus Grat.	×	×		×	×			
37	» » var. lineolata Grat.		×			×			
38	» Puschii Michtt.				×	×			
39	» striatulus Grat.		×						
40	» clavatus Lamk.	×					×	×	
41	» ponderosus Broc.		×	×			×	×	
42	» avellana Lamk.	×		×		×			
43	» granuliferus Grat.			×		×			
44	» pelagicus Broc. (in Grat.)		×	×					
45	» sp.? aff. C. lineolatus Coc.		×						
46	» sp.? aff. C. avellana Lk.		×						
47	Genotia ramosa Bast.	×	×	×	×	×	×		
48	» Craverii Bell.				×				
49	» (Dolichotoma) cataphracta Broc.			×	×	×		×	
50	» (Pseudotoma) Bonellii Bell.				×	×		×	
51	» (») intorta Broc.			×		×		×	
52	» (Oligotoma) sp.?								
53	» (») pannus Bast.	×	×	×		×	×		
54	» (») ornata Defr.		×		×		×		
55	Clavatula buccinoïdes Tourn.		×			×			
56	» inedita Bell.		×						
57	» turris Lamk. (in Grat.), var. R. Saubrigiana Grat.	×	×	×		×			
58	» calcarata Grat.	×	×		×	×			
59	» asperulata Lamk. var.		×	type	type	type	type		
60	» » » var.	×	×						
61	» gothica Mayer var.	×	×		×	×			
62	» » » var.		×						
63	» granulato-cincta Munst.	×	×				×		
64	» Stazzanensis ? Bell.		×						
65	» Jouanneti Desmoul.	×	×	×	×				
66	» » » var. Fisch et Tourn.	×	×						
67	» » » var.	×							

	NOMS DES ESPÈCES	PL…	…ESPÈCE	SALIES	BURDIGALIEN de la GIRONDE	HELVÉTIEN de la GIRONDE	SAUBRIGUES	TOURAINE	PLIOCÈNE	ESPÈCES ENCORE VIVANTES
68	Clavatula vulgatissima Grat.	⊠								
69	» semimarginata Lamk.				⊠		⊠			
70	» excavata Bell.	⊠	⊠		⊠		⊠	⊠		
71	» Seguini Mayer.	⊠	⊠			⊠				
72	Surcula intermedia Bronn.	⊠	⊠			⊠	⊠			
73	» dimidiata Broc.	⊠			⊠	⊠	⊠		⊠	
74	» sp.?					⊠	⊠		⊠	
75	Pleurotoma turricula Broc.	⊠	⊠							
76	» Giebeli Bell.					⊠			⊠	
77	» caperata Bell.		⊠							
78	» canaliculata Bell. in litt.	⊠	⊠							
79	Drillia obeliscus Desmoul.	⊠	⊠		⊠		⊠			
80	» pustulata Broc.	⊠	⊠		⊠		⊠			
81	» athenais? Mayer in Bell.		⊠			⊠	⊠			
82	» granaria Dujard.		⊠					⊠		
83	» sp.?		⊠		⊠			⊠		
84	Mangilia (Clathurella) Milleti Desmoul.	⊠	⊠							
85	» (») clathrata M. de Ser.	⊠	⊠		⊠			⊠		
86	» (») » » var.	⊠	⊠					⊠	⊠	⊠
87	» (») sp.?		⊠							
88	» (») clathrataeformis Nob.		⊠							
89	» Salinensis Nob.		⊠		⊠					
90	» Beneharnensis Nob.		⊠							
91	» sub-Vauquelini Nob.		⊠							
92	» sp.? aff. M. caerulans Phil.		⊠							
93	» sp.?		⊠							
94	» sp.?		⊠							
95	» sp.? aff. M. Biondini Bell.	⊠	⊠							
96	» sp.?									
97	Raphitoma Orthezensis Nob.	⊠	⊠							
98	» Boettgeri Nob.	⊠	⊠			⊠				
99	» sp.?	⊠	⊠			⊠				
100	» vulpecula Broc.	⊠								
101	» sp.? aff. R. angulifera Bell.		⊠		⊠				⊠	

7

	NOMS DES ESPÈCES	PAREIS	ESPISS	SALIES	BURDIGALIEN de la GIRONDE	HELVÉTIEN de la GIRONDE	SAUBRIGUES	TOURAINE	PLIOCÈNE	ESPÈCES ENCORE VIVANTES
102	Raphitoma elongatissima Nob.	X	X	X		X				
103	» subcrenulata d'Orb.	X	X	X	X					
104	» attenuata Mont.	X	X	X		X		X	X	X
105	» sp.? aff. hispida Bell.			X						
106	» sp.?			X						
107	» sp.?			X						
108	» sp.?		X							
109	Cancellaria buccinula Bast.			X	X					
110	» Barjonae Da Costa	X	X	X	X	X				
111	» inermis Pusch.			X	X					
112	» Westiana Grat.			X		X				
113	Cancellaria Leopoldinae Tourn.					X				
114	» mitraeformis Broc.	X				X				
115	» spinifera Grat.	X				X	X		X	
116	» cancellata Liu.	X		X	X	X	X		X	X
117	» subcancellata d'Anc.	X	X	X	X		X			
118	» varicosa Broc., var. Tourn.	X	X		X	X	X			
119	» uniangulata ? Desh.	X		X						
120	» sp.? aff. C. gradata Hörn.	X		X					X	
121	» sp.?	X								
122	» sp.?			X						
123	Oliva Dufresnei Bast.		X	X	X	X	X	X		
124	Ancilla glandiformis Lk., var. elongata Desh.			X	type	type	type	X		
125	Marginella miliacea Desh.	X	X	X	X			X	X	X
126	Mitra incognita Bast.			X	X					
127	» Bouilleana Tourn.	X		X						
128	» goniophora Bell.			X		X				
129	» indicata Bell.	X		X						
130	» scrobiculata Broc., var.			X		X	X		X	
131	» planicostata ? Bell.	X							X	
132	» Bronni Michtt.	X							X	
133	» fusulus Cocc.	X							X	
134	» sp.? aff. M. Bonellii Bell.			X						
135	Mitra sp.?			X						

№	NOMS DES ESPÈCES	PARENTIS	LESPISSE	SALIES	BURDIGALIEN de la GIRONDE	HELVÉTIEN de la GIRONDE	SAUBRIGUES	TOURAINE	PLIOCÈNE	ESPÈCES ENCORE VIVANTES
136	Turricula ebenus ? Lamk.	X		X				X	X	X
137	» recticosta ? Bell.			X	X ?			X		
138	» cupressina Broc.	X					X		X	
139	» sp. ? aff. **T. plicatula** Broc.			X						
140	» sp. ? aff. **T. consimilis** Bell.			X						
141	» sp. ?			X						
142	Cylindromitra minute-cancellata Nob.			X						
143	» angustissima Nob.	X		X						
144	Fusus sp. ?		X							
145	» sp. ?	X								
146	Latirus nodiferus Duj.			X				X		
147	Tudicla rusticula Bast.	X	X	X	X	X	X	X		
148	Melongena cornuta Agas.			X	X	X	X	X		
149	Chrysodomus sp. ?	X								
150	» sp. ?			X						
151	Cominella Andrei Bast.			X						
152	Cyllene (Cyllenina) ancillariaeformis Grat.	X	X	X	X					
153	» (») baccatus Bast.	X			X					
154	Tritonidea unifilosa Bell.			X					X	
155	Pisania intercisa Michtt.	X		X						
156	» exacuta Bell.	X		X						
157	Euthria cornea Broc.	X			X	X	X	X	X	X
158	» sp. ?	X								
159	» Benoisti Nob.			X						
160	» minima Nob.			X						
161	» sp. ?			X						
162	» (Jania) cristata Broc.			X						
163	» (») angulosa Broc.	X				X		X	X	X
164	Genea Bellardii Ben. in coll.		X						X	
165	Engina exsculpta Duj.	X		X	X			X		
166	» sp. ?	X		X	X					
167	Phos connectens Bell.	X								
168	Dipsaccus cf. derivatus Bell.	X				X	X			
169	Nassa Salinensis Tourn.	X		X						

No	NOMS DES ESPÈCES	PARIS	MILLESPISSE	SALIES	BURDIGALIEN de la GIRONDE	HELVÉTIEN de la GIRONDE	SAUBRIGUES	TOURAINE	PLIOCÈNE	ESPÈCES ENCORE VIVANTES
170	Nassa Orthezensis Tourn.	×	×	×						
171	» punctifera Nob.	×	×	×						
172	» Marsooi Nob.			×						
173	» varicosa Nob.	×								
174	» Rideli Dollf.	×	×	×						
175	» solitaria Dollf.			×						
176	» reticulata Lin., var.	×		×				×	×	×
177	» prismatica ? Broc.			×		×	×		×	
178	» limata Chemn., var. minima Tourn.			×		×		×		type.
179	» sp. ?	×		×						
180	» sp. ?			×	×	×				
181	» subobesa Nob.	×		×						
182	» sp. ?			×						
183	» Dujardini Desh.	×			×			×		
184	» Bouillei Nob.	×	×	×						
185	» lacryma Bell.	×	×	×					×	
186	» sp. ?			×						
187	» semistriata Broc., var. vasca Tourn.	×		×		×	×		×	×
188	» sp. ?	×	×	×						
189	» oblonga Sassi			×					×	
190	» sublaevigata Bell.			×						
191	» (Zeuxis) verrucosa Broc.	×	×				×			
192	» (») sp. ?	×	×	×						
193	» (») Pereirae Bell.			×						
194	» (») Fontannesi Bell.			×						
195	» (») minuta Nob.		×	×			× var.			
196	Dorsanum aequistriatum Dollf.	×	×	×		×				
197	Columbella (Mitrella) turonica Mayer	×	×	×	×	×	×	×		
198	» (») scripta Bell.	×		×			×		×	×
199	» (Atilia) Souarsensis Nob.	×	×							
200	» (Anachis) corrugata Bonelli	×	×	×	×	×			×	×
201	» (») sp. ? aff. C. corrugata Broc.			×				×		
202	» Degrangei Dollf. et Dautz.			×					×	
203	Typhis fistulosus Broc.	×					×	×	×	

N°	NOMS DES ESPÈCES	PARENTIS	VILLESPISSE	SALIES	BURDIGALIEN de la GIRONDE	HELVÉTIEN de la GIRONDE	SAUBRIGUES	TOURAINE	PLIOCÈNE	ESPÈCES ENCORE VIVANTES
204	Murex (Pteronotus) Grateloupi d'Orb.			×	×	×				
205	» (») graniferus Michtt.			×	×		× ?			
206	» (») Sowerbyi Michtt.	×				×				
207	» (Chicoreus) Vindobonensis Hörn.			×	×			×		
208	» (Rhynocantha) torularius Lamk.	×				×			×	
209	» (Muricidea) absonus Jan.	×			×	×		×	×	
210	Ocinebra Lassaignei ? Bast.	×						×		
211	» striaeformis ? Michtt.	×			×					
212	» polymorphus ? Broc.	×		×		×			×	
213	» sublavatus Hörn.	×	×			×		×		
214	» coloratus Nob.	×		×						×
215	» sp. ? aff. O. Basteroti Ben.	×	×	×						
216	» sp. ?	×		×						
217	» (Hadriania) craticulata Lin.		×	×		×			×	
218	» (Vitularia) linguabovis Bast.			×	×					
219	Pseudomurex Sallespissensis Nob.		×							
220	Purpura (Cuma) exilis Partsch., var.	×		×						
221	» (») Bouilleana Tourn.	×								
222	» Salinensis Tourn.	×		×						
223	» sp. aff. P. elata Blainv.	×								
224	» sp. ?			×						
225	Achantina Benoisti Nob.	×		×						
226	Triton affine Desh.			×	×	×	×		×	
227	Ranella marginata Broc.			×	×		×		×	
228	Cassis pseudo-crumena d'Orb.			×	×					
229	» (Semicassis) saburon Lamk.	×		×	×		×	×	×	×
230	» variabilis Bell.	×				×	×		×	
231	Pirula Sallomacensis Mayer.	×	×	×		×	×		×	
232	Ovula (Neosimnia) spelta Lin.	×				×	×		×	×
233	Cypraea (Aricia) amygdalum Broc.			×	×			×	×	×
234	» (») pirum Gmel.			×	×				×	×
235	» (») sp. ? aff. C. sanguinolenta Gmel.			×						
236	» (Trivia) Michelottii Dollf. et Dautz.	×		×				×		
237	Cypraea (Trivia) pediculus Lamk.	×		×		×		×		

	NOMS DES ESPÈCES	PARIN	GILLESPISSE	SALIES	BURDIGALIEN de la GIRONDE	HELVÉTIEN de la GIRONDE	SAUBRIGUES	TOURAINE	PLIOCÈNE	ESPÈCES ENCORE VIVANTES
238	Cypraea (Trivia) sp.?			✗						
239	Erato laevis Don.	✗		✗	✗	✗		✗	✗	✗
240	» Maugeriae Gray in Wood.	✗	✗	✗	✗	✗		✗		✗
241	Strombus coronatus Defr.			✗		✗		✗	✗	
242	Triforis (Monophorus) perversus Lin.			✗	✗			✗	✗	✗
243	» papaveraceus Bon.			✗	✗			✗		
244	Cerithium vulgatum Brug., var. A, salinensis Tourn.	✗		✗		type		type	type	✗
245	» » var. B. Tourn.	✗		✗						
246	» » var. C. Tourn.	✗		✗						
247	» » var. D.	✗	✗							
248	» Bronni Partsch.			✗		✗		✗		
249	» (Cinctella) trilineatum Phil.		✗		✗	✗		✗	✗	✗
250	» bilineatum Hörn.			✗	✗				✗	✗
251	Bittium scabrum Olivi.	✗	✗	✗	✗	✗		✗	✗	✗
252	» spina Partsch.	✗	✗	✗					✗	
253	» sp.?	✗		✗						
254	Potamides pictus Bast., var.	✗	✗		✗			✗	✗	
255	» (Pyrazus) bidentatus Grat.	✗			✗	✗	✗	✗		
256	» (Tympanotomus) papaveraceus Bast.	✗		✗	✗	✗		✗		
257	» (») sp.?			✗						
258	» Tournoueri Mayer.	✗		✗						
259	» sp.?	✗								
260	» sp.?	✗		✗						
261	Vermetus intortus Lamk.	✗	✗	✗	✗	✗		✗	✗	✗
262	» (Lementina) arenarius Lin.	✗		✗	✗			✗	✗	✗
263	» sp.?	✗								
264	» (Vermiculus) carinatus Hörn.	✗		✗				✗		
265	Turritella turris Bast., var.			✗	✗	✗	✗			
266	» subarchimedis d'Orb.			✗				✗		
267	» bicarinata Eichw.	✗	✗	✗		✗	✗	✗	✗	
268	» Orthezensis Tourn.	✗	✗	✗		✗?				
269	» sp.?		✗							
270	» sp.?		✗							
271	Caecum sp.?			✗						

	NOMS DES ESPÈCES	PAREN	VILLESPISSE	SALIES	BURDIGALIEN de la GIRONDE	HELVÉTIEN de la GIRONDE	SAUBRIGUES	TOURAINE	PLIOCÈNE	ESPÈCES ENCORE VIVANTES
272	Pseudomelania perpusilla Grat.	X	X	X	X					
273	Melanopsis aquensis Grat.	X		X	X					
274	Melania ortheziana Grat.	X								
275	Littorina Balgueriei Nob.	X		X						
276	Lacuna sp.?			X						
277	Fossarus (Phasianema) costatus ? Broc.	X		X	X	X		X	X	X
278	Solarium simplex Bronn	X	X	X	X	X	X	X	X	
279	» moniliferum Bronn	X	X	X		X			X	
280	Rissoïa (Alvania) curta Duj.	X		X	X			X	X	
281	» (») Venus d'Orb.			X		X		X		
282	» (») Desmoulinsii d'Orb.			X	X	X				
283	» (») scalaris Dub.	X				X			X	
284	» sp.?			X						
285	Stossichia planaxoïdes Desmoul.			X	X				X	
286	Rissoïna Bruguierei Payr.	X		X				X	X	X
287	» Burdigalensis d'Orb. in Hör.			X	X			X	X	
288	» decussata Mont.	X		X				X	X	X
289	» pusilla Broc.	X					X	X	X	
290	Hydrobia sp.?			X						
291	Strophostoma anostomaeforme Grat.	X								
292	Hipponyx sp.? cf. granulatus Bast.			X		X		X		
293	Capulus sulcosus ? Broc.	X							X	
294	» sp.?			X						
295	Crepidula cochleare Bast.			X		X	X	X	X	X
296	» unguiformis Lamk.	X		X		X	X	X	X	X
297	Calyptraea sinensis Desh.	X	X	X		X	X	X	X	X
298	Xenophora Deshayesi ? Michtt.	X	X	X		X		X ?		
299	Natica Burdigalensis Mayer.	X	X	X	X	X	X			
300	» millepunctata Lamk.			X	X	X		X	X	X
301	» subepiglottina d'Orb.			X		X	X			
302	» Leberonensis Fisch. et Tourn.	X		X						
303	» Volhynica ? d'Orb.		X							
304	» (Naticina) turbinoides Grat.	X	X	X	X	X				
305	» (») aff. N. plicatula Bronn.		X				X			

	NOMS DES ESPÈCES	PAREN	ULESPISSE	SALIES	BURDIGALIEN de la GIRONDE	HELVÉTIEN de la GIRONDE	SAUBRIGUES	TOURAINE	PLIOCÈNE	ESPÈCES ENCORE VIVANTES
340	Neritina Grateloupeana Férus	☒			☒			☒		
341	» Bronni d'Anc			☒						
342	Phasianella Vieuxi Payr	☒								
343	Turbo rugosus Lin			☒		☒			☒	☒
344	Clanculus Araonis Bast			☒	☒			☒	☒	
345	Trochus sp.?	☒	☒	☒						
346	» sp.?	☒								
347	» sp.?			☒						
348	Umbonium subsuturale d'Orb	☒		☒						
349	Gibbula magus Lin	☒			☒	☒		☒	☒	☒
350	» biangulatus Eichw	☒			☒			☒		
351	» Moussoni Mayer	☒			☒			☒		
352	» sp.?			☒						
353	Calliostoma miliaris Broc	☒	☒		☒			☒	☒	
354	» turgidulus Broc	☒	☒	☒				☒		
355	Cyclostrema sp?	☒	☒			☒				
356	Tinostoma Defrancei Bast	☒	☒		☒			☒		
357	Haliotis sp.?		☒							
358	Fissurella italica Defr	☒	☒	☒		☒		☒	☒	☒
359	» graeca Lin	☒	☒	☒				☒	☒	☒
360	Emarginula Souverbiei Nob	☒		☒						
361	» Salinensis Nob			☒						
362	Patella sp.?	☒								
363	» sp.?	☒								
364	» sp.?			☒						
365	Chiton Benoisti de Rocheb			☒	☒					
366	Dentalium sp.?			☒						
367	» sp.?		☒							
368	» pseudo-entalis Lamk			☒				☒	☒	
369	» sp.? aff. D. mutabile Dod	☒	☒					☒?		
370	» aprinum Lin			☒			☒			
371	Siphonodentalium sp.?	☒	☒							
372	» sp.?	☒	☒							
373	» (Dischides) coarctatum Crat	☒	☒	☒	☒					

	NOMS DES ESPÈCES	PAREK	MILLESPISSE	SALIES	BURDIGALIEN de la GIRONDE	HELVÉTIEN de la GIRONDE	SAUBRIGUES	TOURAINE	PLIOCÈNE	ESPÈCES ENCORE VIVANTES
374	Ostrea cochlear Poli	×							×	
375	» digitalina Dub	×	×	×	×	×		×		
376	» crassissima Lamk	×		×		×	×	×		
377	» neglecta Michtt	×	×		×					
378	» saccellus Duj	×			×			×		
379	Anomia ephippium ? Phil	×						×	×	×
380	» striata Broc			×	×	×			×	
381	Plicatula mytilina ? Phil			×	×			×		
382	Lima (Radula) squamosa Lamk			×	×			×	×	×
383	» (Mantellum) inflata Chemn			×		×		×	×	×
384	» (Limatula) subauriculata Mont			×	×					×
385	Limea sp. ?			×						
386	Chlamys Vindascinus Font	×	×			×				
387	» Puymoriae Mayer			×			×	×		
388	» Suzannae Mayer			×			×			
389	» Sallomacensis Tourn	×	×	×		×				
390	Pecten solarium Lamk	×				×	×			
391	» Hermannseni Dunker	×								
392	» Raouli Dollf	×	×	×						
393	Hinnites substriatus d'Orb	×	×	×	×	×				
394	» striatus Sow			×						
395	Avicula phalenacea Lamk	×		×	×	×		×		×
396	Pinna Brocchii ? d'Orb	×	×		×?		×			
397	Mytilus Haidingeri Hornes	×		×	×					
398	Dreissensia cf. D. Basteroti d'Orb	×	×			×	×			
399	Arca imbricata ? Brug				×	×		×		×
400	» clathrata Desh				×	×		×		×
401	» lactea Lin	×	×	×	×	×		×	×	×
402	» (Barbatia) barbata Lin	×		×	×	×		×	×	×
403	» (») variabilis Mayer	×	×		×			×		
404	» mytiloides ? Broc	×	×	×		×			×	
405	» (Anadara) turonica Duj	×		×	×	×	×	×		
406	» (») helvetica Mayer	×	×			×				
407	» (Cucullea) sp. nov	×		×	×					

	NOMS DES ESPÈCES	PAREN	GRLESPISSE	SALIES	BURDIGALIEN de la GIRONDE	HELVÉTIEN de la GIRONDE	SAUBRIGUES	TOURAINE	PLIOCÈNE	ESPÈCES ENCORE VIVANTES
408	Pectunculus (Axinea) pilosus Lin	✕	✕	✕	✕	✕		✕	✕	✕
409	» (» ?) cor Bast		✕		✕	✕	✕			
410	» violacescens Lin			✕	✕		✕	✕	✕	✕
411	» sp.?			✕						
412	Nucula sp.?	✕	✕	✕		✕				
413	» sp.?			✕						
414	Leda (Lembulus) undata Defr			✕	✕		✕	✕	✕	✕
415	» Bonellii Bell	✕							✕	
416	Venericardia Jouanneti Bast	✕	✕	✕		✕	✕	✕?		
417	» nuculina Duj	✕		✕	✕	✕				
418	Cardita calyculata Lin	✕		✕	✕			✕	✕?	✕
419	» crassicosta Lamk		✕	✕	✕			✕		
420	» unidentata Bast		✕	✕	✕	✕				
421	Astarte Deshayesi Nob			✕		✕				
422	» (Tridonta) Grateloupi Desh			✕		✕				
423	» (Goodalia ?) sp.?	✕	✕	✕		✕				
424	Woodia sp.?	✕		✕		✕				
425	Erycina sp.?	✕		✕	✕	✕				
426	Lepton sp.?	✕	✕							
427	» sp.?			✕						
428	» insignis Mayer		✕		✕	✕				
429	Scintilla ?	✕	✕							
430	Cardium gallicum Mayer		✕			✕		✕		
431	» papillosum Poli	✕	✕	✕	✕	✕	✕	✕	✕	✕
432	» paucicostatum Desh	✕	✕	✕		✕			✕	✕
433	» hians Broc	✕	✕	✕		✕	✕		✕	
434	» turonicum Mayer, var			✕	✕			✕		
435	Chama Brocchii Desh	✕		✕	✕				✕	
436	» gryphina Lamk	✕		✕				✕	✕	✕
437	Basterotia corbuloïdes Mayer	✕						✕		
438	Meretrix pedemontana Agas	✕	✕	✕		✕		✕	✕	
439	» sp.?	✕								
440	» sp.?			✕						
441	» laevis Agas			✕					✕	

	NOMS DES ESPÈCES	PAREN	SALESPISSE	SALIES	BURDIGALIEN de la GIRONDE	HELVÉTIEN de la GIRONDE	SAUBRIGUES	TOURAINE	PLIOCÈNE	ESPÈCES ENCORE VIVANTES
442	Circe sp.? cf. **C. minima** Mont.			X						
443	**Dosinia Basteroti?** Agas.	X		X	X					
444	» **intermedia** Dod.			X		X				
445	**Venus** sp.? aff. **V. marginata** Hörn.	X	X							
446	» sp.?			X						
447	» **plicata** Gmel.	X	X	X		X		X	X	X?
448	» **Basteroti?** Desh.	X	X	X	X					
449	» **umbonaria** Agas.	X	X	X		X			X	
450	» **ovata** Pennant.			X	X	X	X	X	X	X
451	» sp.?			X		X				
452	» sp.?			X						
453	» sp.?			X						
454	**Tapes sallomacensis** Tourn.			X		X				
455	**Petricola** sp.?			X						
456	**Diplodonta rotundata** Mont.		X		X	X		X	X	X
457	» **trigonula** Bronn.	X	X		X	X		X	?	X
458	**Donax gibbosula** Mayer.	X	X		X			X		
459	» **transversa** Desh.	X	X	X	X	X		X		
460	**Psammobia Labordei** Bast.		X		X					
461	» **uniradiata** Broc.	X	X	X		X		X	X?	X
462	» sp.?		X			X				
463	» sp.?			X		X				
464	**Solenocurtus strigilatus** Lin.	X	X	X		X		X	X	
465	» **coarctatus** Gmel.	X			X	X		X	X	X
466	**Ensis Rollei?** Hörn.			X	X	X		X		
467	**Solen Burdigalensis** Desh.		X		X					
468	**Pharus** cf. **P. Saucatsensis** Ben.				X	X		X		
469	**Ervilia pusilla?** Phil.	X	X	X	X	X		X		
470	**Mactra (Hemimactra) triangula** Ren.	X	X	X	X	X	X	X	X	X
471	» **Basteroti** Mayer.	X			X	X		X		
472	**Lutraria** sp.?	X								
473	**Tugonia anatina** Gmel.	X			X					X
474	**Sphenia** sp.?			X						
475	» sp.?			X						

N°	NOMS DES ESPÈCES	PAR.	…ISSE	SALIES	BURDIGALIEN de la GIRONDE	HELVÉTIEN de la GIRONDE	SAUBRIGUES	TOURAINE	PLIOCÈNE	ESPÈCES ENCORE VIVANTES
476	Corbula striata Walk.	⊠	⊠	⊠		⊠	⊠			
477	» revoluta Broc.			⊠	⊠	⊠		⊠	⊠	
478	» (Corbulomya) sp.?	⊠	⊠	⊠						
479	Glycymeris Menardi Desh.			⊠	⊠	⊠		⊠	⊠	
480	Gastrochæna dubia Pennant.			⊠	⊠	⊠		⊠	⊠	⊠
481	Pholas dactylus? Lin.	⊠								⊠
482	Lucina borealis Lin.			⊠	⊠	⊠			⊠	⊠
483	» dentata Bast.			⊠	⊠	⊠		⊠		
484	» (Codokia) reticulata Poli.		⊠	⊠						⊠
485	» (Divaricella) syrtica Ben.	⊠	⊠	⊠		⊠				
486	Tellina (Eutellina) planata Lin.		⊠	⊠	⊠	⊠	⊠	⊠	⊠	⊠
487	» bipartita Bast.	⊠	⊠	⊠	⊠	⊠				
488	» elliptica Broc.	⊠				⊠			⊠	
489	» compressa Broc.	⊠				⊠			⊠	
490	» sp.?			⊠						
491	» sp.?			⊠						
492	» (Arcopagia) corbis Bronn.	⊠		⊠		⊠		⊠	⊠	
493	Gastrana?		⊠	⊠						
494	» (Capsa) lacunosa Chemn.			⊠	⊠	⊠		⊠	⊠	⊠
495	Pandora inaequivalvis? Lin.		⊠						⊠ ?	⊠
	Totaux	257	72	344	184	177	98	145	127	73

CONCLUSIONS.

Nous avons rencontré dans les environs d'Orthez et à Salies-de-Béarn 495 espèces ou variétés. Sans doute, ce chiffre n'est pas définitif et de nouvelles recherches en augmenteraient certainement l'importance. Toutefois, nous pouvons affirmer qu'il faudrait que ces recherches fussent très minutieuses et réitérées pour que la richesse de cette faune s'accrut sensiblement.

D'après le tableau qui précède, on peut se rendre compte aisément du caractère de cette faune. C'est une faune littorale, ce qui résulte : d'une part, de la nature pétrologique des dépôts dans lesquels elle se rencontre; et, d'autre part, de la présence de certaines espèces. Les cailloux roulés abondent dans le falun, ce qui prouve qu'il ne s'est pas déposé dans une mer profonde, mais sur un rivage; à Salies-de-Béarn, les coquilles elles-mêmes sont souvent roulées. Au surplus, l'abondance des *Muricidés*, des *Buccinidés*, des *Conidés*, des *Naticidés*, des *Nassidés*, atteste que la station appartient sinon à la zone tout à fait littorale, au au moins à une zone sublittorale. La composition générique de cette faune lui donne d'ailleurs, comme à toutes les faunes miocènes, le caractère d'un dépôt fait dans une mer chaude et tropicale.

Les 495 espèces que nous avons étudiées se répartissent ainsi : 287 au Paren, 172 à Sallespisse et 344 à Salies-de-Béarn.

Il y en a 93 qui se rencontrent concurremment au Paren, à Sallespisse et à Salies-de-Béarn; 37 existent au Paren et à Sallespisse et ne se retrouvent pas à Salies-de-Béarn; 69 ont été trouvées au Paren et à Salies-de-Béarn et ne l'ont pas été à Sallespisse; 11 ont été signalées à Sallespisse et à Salies-de-Béarn et n'ont pu encore être recueillies au Paren; enfin, 83 espèces se trouvent exclusivement au Paren, 25 à Sallespisse et 164 à Salies-de-Béarn.

Si on compare la faune de Sallespisse avec celle du Paren, on arrive à ce résultat que, sur un nombre total d'espèces de 287 au Paren et de 172 à Sallespisse, il y en a 131 qui se retrouvent dans les deux gisements. Ce nombre serait plus grand encore assurément, si de nouvelles fouilles étaient faites à Sallespisse où nos recherches ont été moins longues et moins complètes qu'au Paren. Néanmoins, la concordance des faunes de ces deux gisements est telle, qu'il n'est pas douteux qu'on se retrouve, en ces deux points, en présence de la même couche dont les affleurements intermédiaires de Carrey et de la métairie du Houssé permettent d'affirmer la continuité.

D'un autre côté, si on compare la faune des environs d'Orthez et particulièrement celle du Paren que nous prenons pour type, avec celle de Salies-de-Béarn, on voit que, parmi les 287 espèces du Paren, et les 344 de Salies-de-Béarn, il y en a 164 qui se retrouvent dans les deux localités. Ces espèces, communes à Salies-de-Béarn et au Paren, sont donc proportionnellement moins nombreuses que celles qui existent concurremment à Sallespisse et au Paren. La raison en est que la couche de Sallespisse est la même que celle du Paren, tandis qu'il n'est pas possible d'affirmer que celle de Salies-de-Béarn soit la continuation de cette même couche. Mais la distance de 15 kilomètres environ qui sépare les deux points peut donner l'explication de cette différence qui n'a pas d'ailleurs une grande importance au point de vue de la classification des terrains; car, si on laisse de côté les espèces peu nombreuses pour s'attacher uniquement à celles qui sont réellement caractéristiques en raison de leur degré d'abondance, on voit que ces dernières sont précisément celles qui sont communes aux gisements de Salies-de-Béarn, du Paren et de Sallespisse. D'où l'on peut conclure que c'est très certainement dans la même mer que vivaient, à la même époque, la faune de Salies-de-Béarn et celle des environs d'Orthez.

On doit donc, selon nous, classer dans le même horizon stratigraphique le falun d'Orthez et celui de Salies-de-Béarn. Mais cet horizon quel est-il, et dans quel étage ces faluns doivent-ils être placés?

Comme on a pu le voir dans la partie historique de l' « Introduction » de ce travail, parmi les auteurs qui se sont occupés des faluns des environs d'Orthez, Delbos et Tournouër, en 1848 et

1864, les ont classés dans le Miocène supérieur, sans préciser davantage. Cependant Tournouër, dans sa note sur Salies-de-Béarn (*Paléont. de Biarritz*, 1876), les range dans l'Helvétien.

M. Benoist, en 1884, en parlant du falun du Paren, admet qu'il est du même âge que celui de Largileyre (commune de Salles, Gironde), et il émet cette opinion qu'il appartient à la partie supérieure de l'Helvétien, n'hésitant pas à l'exclure du Pliocène, parce que le nombre des espèces subapennines y serait très restreint (1). Dans l'énoncé de cette opinion, M. Benoist fait abstraction du Tortonien et ne se demande pas si les faluns d'Orthez appartiennent à cet horizon. Cependant, en 1884, il avait classé le falun de Largileyre dans le Tortonien ; mais il ne paraît pas avoir persisté dans cette appréciation et nous croyons qu'il estime aujourd'hui, avec raison selon nous, que le falun de Largileyre appartient bien à l'Helvétien.

En ce qui concerne Salies-de-Béarn, Tournouër a classé le falun de cette localité dans le Miocène supérieur, sans prendre parti sur la question de savoir s'il appartient à l'Helvétien ou au Tortonien, la question, dit-il, étant « très délicate de savoir si les sous-étages Helvétien et Tortonien doivent être considérés comme deux termes chronologiques différents, ainsi que l'enseigne M. Mayer, ou seulement comme l'expression de conditions biologiques et bathymétriques différentes, ayant agi diversement sur des faunes d'ailleurs tout à fait contemporaines, ainsi que l'admettent les géologues autrichiens. »

Le tableau que nous avons dressé fournit d'utiles indications pour assigner à nos dépôts une place rationnelle et définitive. Etudions-en les résultats et comparons d'abord notre faune avec celle des autres dépôts du Sud-Ouest. Les faluns d'Orthez et de Salies-de-Béarn ont 184 espèces communes avec le Burdigalien de la Gironde et 177 avec l'Helvétien de Salles. Parmi celles qui se retrouvent dans le Burdigalien des environs de Bordeaux, nous citerons les suivantes qui sont assez caractéristiques de l'étage :

Cylichna subangistoma.	*Conus granuliferus.*
Cylichna subconulus.	*Clavatula asperulata.*
Terebra Basteroti.	*Drillia obeliscus.*

---

(1) On verra plus loin que cette assertion n'est pas très exacte.

Tudicla rusticula.
Melongena cornuta.
Cyllenina baccata.
Engina exsculpta.
Vitularia linguabovis.
Turritella turris.
Pseudomelania perpusilla.
Natica Burdigalensis.

Gibbula Moussoni.
Ostrea neglecta.
Pectunculus cor.
Donax transversa.
Psammobia Labordei.
Mactra Basteroti.
Lucina dentata.
Tellina bipartita.

Parmi celles de l'Helvétien de Salles qui existent aussi à Orthez et à Salies-de-Béarn, nous devons mentionner les suivantes qui sont très caractéristiques de l'étage :

Conus maculosus.
Clavatula gothica.
Clavatula Jouanneti.
Cancellaria cancellata.
Oliva Dufresnei.
Phos connectens.
Ocinebra sublavatus.
Cassis saburon.
Turritella bicarinata.
Ampullina redempta.
Pecten Vindascinus.

Arca mytiloïdes.
Pectunculus pilosus.
Venericardia Jouanneti.
Cardium hians.
Meretrix pedemontana.
Venus plicata.
Venus umbonaria.
Corbula striata.
Glycymeris Menardi.
Arcopagia corbis.

Ces dernières espèces ont un caractère Helvétien bien plus nettement accusé que le caractère Burdigalien des espèces de la première liste. Il faut ajouter qu'elles sont aussi, en général, bien plus abondantes à Orthez et à Salies-de-Béarn que les espèces burdigaliennes. Si donc, au premier abord, la faune d'Orthez et de Salies-de-Béarn, en raison du nombre des espèces communes, paraît avoir plus d'affinités avec le Burdigalien qu'avec l'Helvétien, il n'en est rien en réalité, car les espèces vraiment abondantes et caractéristiques d'Orthez et de Salies-de-Béarn sont des espèces helvétiennes, celles qui se rencontrent le plus communément à Salles, dans la Gironde.

Les marnes de Saubrigues, avec leur faune spéciale, si intéressante et si riche, ont toujours été considérées par tous les auteurs comme le dépôt le plus récent des terrains tertiaires du Sud-Ouest. On a pensé qu'elles appartiennent au Tortonien et c'est dans cet étage que les classe M. Depéret dans son mémoire si remarquable sur la « *Classification et le parallélisme du système Miocène* » (1). Il existe à Orthez et à Salies-de-Béarn, 98 espèces qui se retrouvent à Saubrigues. L'affinité est ici moins considérable qu'avec l'Helvétien. Donc, si Saubrigues appartient au Tortonien, il faut dire que Salies-de-Béarn et Orthez appartiennent à l'Helvétien, surtout si on considère qu'en dehors des espèces caractéristiques de l'Helvétien de Salles, on y trouve encore de très nombreuses espèces du Burdigalien.

La comparaison avec la faune de la Touraine conduit au même résultat ; 145 espèces de la Touraine se retrouvent à Orthez et Salies-de-Béarn, ce qui est considérable et permet de conclure à la contemporanéité des dépôts. M. Depéret (*loc. cit.*) classe les dépôts de la Touraine dans l'Helvétien ; c'est donc dans le même étage qu'il faut placer les dépôts d'Orthez et de Salies-de-Béarn.

Cette conclusion irait toute seule et n'aurait besoin d'être suivie d'aucune autre observation, si on faisait abstraction des affinités de notre faune avec celle du Pliocène qui est représentée à Salies-de-Béarn et Orthez par 127 espèces, et avec celle de nos mers actuelles dont 73 espèces se retrouvent à Orthez ou à Salies-de-Béarn. Cette proportion mérite certainement d'attirer l'attention et semble permettre de se poser la question de savoir s'il ne conviendrait pas d'assigner aux dépôts d'Orthez et de Salies-de-Béarn, un âge plus récent que celui que nous lui avons attribué. Ainsi, on y retrouve les espèces suivantes du Pliocène :

Actaeon tornatilis.	*Gibbula magus.*
Genotia cataphracta.	*Ostrea cochlear.*
Mitra scrobiculata.	*Cardium papillosum.*
Mitra cupressina.	*Psammobia uniradiata.*
Nassa reticulata.	*Solenocurtus coarctatus.*
Murex torularius.	*Gastrochæna dubia.*
Cerithium vulgatum.	*Lucina borealis.*
Natica millepunctata.	
Turbo rugosus.	

Mais il est à remarquer, qu'à part le *Cerithium vulgatum*, qui est réellement abondant, du moins à l'état de variétés, à Salies-

---

(1) *Bull. Soc. géologique de France*, 3e série, t. XXI, p. 170.

de-Béarn et à Orthez, toutes les autres espèces y sont rares ou très rares. Les espèces pliocènes qu'on y rencontre annoncent une faune nouvelle qui se développera plus tard, mais qui est encore peu caractérisée et dont quelques formes seulement, représentées par un petit nombre d'exemplaires, se trouvent mélangées avec un nombre considérable de formes franchement helvétiennes ou burdigaliennes. La présence de ces rares individus, précurseurs d'une faune nouvelle, ne saurait donc infirmer le caractère qui résulte de l'abondance des espèces plus anciennes.

En résumé, nous pensons que la faune d'Orthez et de Salies-de-Béarn a des tendances vers la faune pliocène, qu'elle est très voisine de la faune tortonienne, mais que ses véritables affinités sont avec la faune helvétienne. Il faut donc la placer, suivant le parallélisme admis par M. Depéret (*loc. cit.*), au même niveau que les marnes à *Pecten Vindascinus* et *Cardita Jouanneti* de Visan, dans le bassin du Rhône ; que la mollasse marine de Saint-Gall, en Suisse ; que la mollasse à *Cardita Jouanneti* du sud de la Bavière ; que les couches de Grund, dans le bassin de Vienne ; que les grès serpentineux de Turin, en Italie ; que les faluns de Touraine, en France.

D'après cela, la mer de Salles, à l'époque du Miocène, était la même que la mer d'Orthez et de Salies-de-Béarn ; les mêmes espèces y vivaient, mélangées à des espèces nombreuses encore de l'époque Burdigalienne et à un nombre assez considérable d'autres espèces représentées par des individus plus rares, qui annonçaient une faune nouvelle, celle du Pliocène. Mais cette mer allait bientôt se rapprocher de ses limites actuelles, laissant derrière elle les marnes de Saubrigues, dépôt que l'on peut considérer comme plus récent, à moins que les différences qui existent entre la faune de Saubrigues et celle de l'Helvétien de Salies-de-Béarn et d'Orthez ne proviennent des conditions bathymétriques différentes dans lesquelles les dépôts se sont effectués en ces divers points. Il ne serait point irrationnel de le supposer, comme Tournouër semblait le croire, car la faune de Saubrigues paraît avoir un caractère moins littoral que celle d'Orthez et de Salies-de-Béarn. Dans cette hypothèse, les marnes de Saubrigues se seraient déposées en même temps que les faluns d'Orthez et de Salies-de-Béarn, mais dans une partie plus profonde de la mer.

EXPLICATION DE LA PLANCHE VIII

EXPLICATION DE LA PLANCHE IX

FIG. 1.......... **Turbonilla incognita** Nobis, grossi six fois.
FIG. 1a......... Grandeur de la coquille.
FIG. 2.......... **Turbonilla multicostata** Nobis, grossi huit fois.
FIG. 2a......... Grandeur de la coquille.
FIG. 3.......... **Turbonilla parva** Nobis, grossi sept fois.
FIG. 3a......... Détails du sommet.
FIG. 3b......... Grandeur de la coquille.
FIG. 4.......... **Turbonilla obliqua** Nobis, grossi cinq fois.
FIG. 4a......... Grandeur de la coquille.
FIG. 5.......... **Turbonilla cylindroïdes** Nobis, grossi huit fois.
FIG. 5a......... Grandeur de la coquille.
FIG. 6.......... **Columbella Souarsensis** Nobis, grand. naturelle.
FIG. 7.......... **Mangilia Salinensis** Nobis, grossi quatre fois et demi.
FIG. 7a......... Grandeur de la coquille.
FIG. 8.......... **Mangilia clathrataeformis** Nobis, grossi huit fois.
FIG. 8a......... Grandeur de la coquille.
FIG. 9.......... **Raphitoma elongatissima** Nobis, grossi cinq fois.
FIG. 9a......... Grandeur de la coquille.
FIG. 10......... **Raphitoma Orthezensis** Nobis, grossi trois fois.
FIG. 10a........ Grandeur de la coquille.
FIG. 11......... **Raphitoma Boettgeri** Nobis, grossi trois fois.
FIG. 11a........ Ouverture, vue de côté.
FIG. 11b........ Grandeur de la coquille.
FIG. 12 et 12a.... **Emarginula Salinensis** Nobis, grossie.
FIG. 12bc....... Grandeur de la coquille.
FIG. 13 et 13a.... **Emarginula Souverbiei** Nobis, grossie.
FIG. 13bc....... Grandeur de la coquille.
FIG. 14......... **Littorina Balgueriei** Nobis, grossi trois fois.
FIG. 14a........ Grandeur de la coquille.

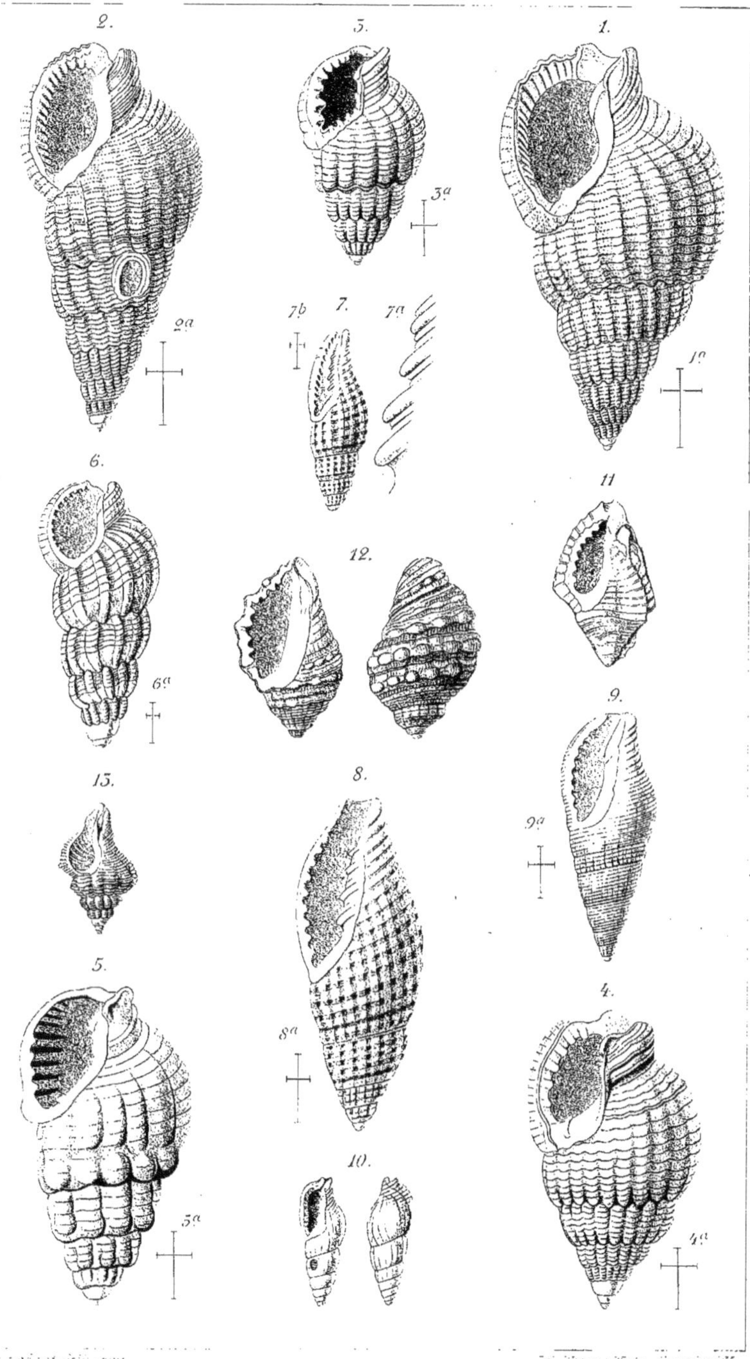

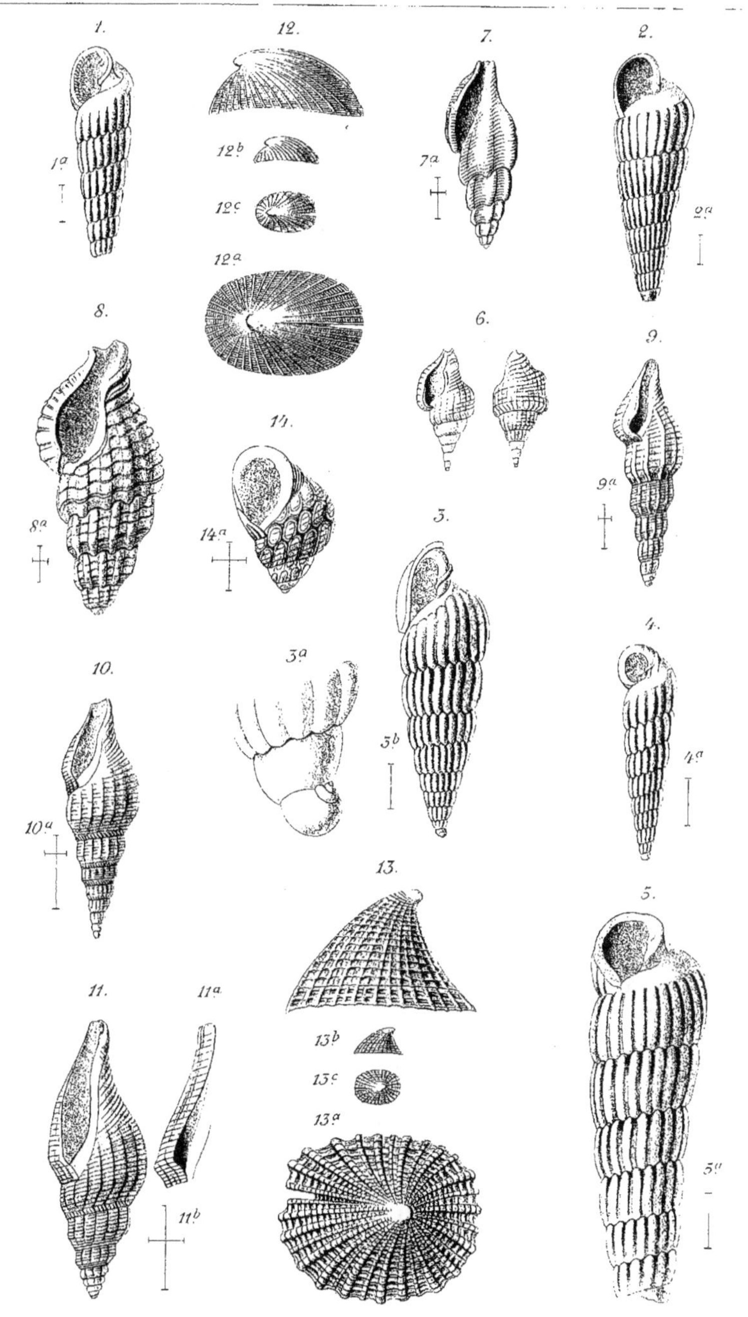